高等院校室内与环境艺术设计实用规划教材

室内设计工程制图

陈雷　王珊珊　陈妍　编著

清华大学出版社
北京

内 容 简 介

本书是以高等学校工程制图课程教学指导委员会制定的《画法几何及土木建筑制图课程教学基本要求》为依据，按照《房屋建筑制图统一标准》等最新颁布的国家标准，结合室内设计专业的发展，参考了国内外同类教材，在总结多年教学改革经验的基础上编写而成的。

本书共5章，主要内容包括：室内设计基础知识、室内设计制图基础知识、制图投影绘制、室内设计制图标准、室内工程制图，并在附录中包括了大量室内工程图范例。

本书可作为高等艺术院校室内设计类、环艺类各专业本科工程制图教材，也可作为高等职业教育各相关专业的教材，还可作为相关工程技术人员的参考用书。

图书在版编目(CIP)数据

室内设计工程制图/陈雷，王珊珊，陈妍编著.--北京：清华大学出版社，2012 （2017.8 重印）
(高等院校室内与环境艺术设计实用规划教材)
ISBN 978-7-302-30059-5

Ⅰ.①室… Ⅱ.①陈… ②王… ③陈… Ⅲ.①室内装饰设计—建筑制图—高等学校—教材 Ⅳ.①TU238

中国版本图书馆CIP数据核字(2012)第212234号

责任编辑：李春明
装帧设计：刘孝琼
责任校对：王　晖
责任印制：沈　露

出版发行：清华大学出版社
　　　　网　　　址：http://www.tup.com.cn，http://www.wqbook.com
　　　　地　　　址：北京清华大学学研大厦 A 座　　邮　编：100084
　　　　社 总 机：010-62770175　　　　　　邮　购：010-62786544
　　　　投稿与读者服务：010-62776969，c-service@tup.tsinghua.edu.cn
　　　　质 量 反 馈：010-62772015，zhiliang@tup.tsinghua.edu.cn
　　　　课 件 下 载：http://www.tup.com.cn，010-62791865
印　刷　者：北京鑫丰华彩印有限公司
装 订 者：三河市溧源装订厂
经　　销：全国新华书店
开　　本：190mm×260mm　　　印　张：14.25　　　字　数：325 千字
版　　次：2012 年 11 月第 1 版　　　印　次：2017 年 8 月第 7 次印刷
印　　数：12001～13000
定　　价：49.00 元

产品编号：048234-01

随着我国经济持续、快速的发展，基本建设任务日趋繁重，基本建设队伍迅速壮大，建筑技术人员、现场管理人员的专业素质也有待提高。为了满足相关教育及岗位需求，并考虑到施工技术人员的特点和文化基础，我们编写了本教材。

工程制图几乎是所有艺术设计院校的学生都需要学习的课程，环境艺术设计、室内设计、工业设计、家具设计、包装设计、广告设计等都要依据图纸来制作和实施。因为上述设计的造型、尺寸和做法，都不是纯绘画或语言文字所能描述清楚的，必须借助一系列的制图来完成。例如，在房屋建筑工程中，初步设计时，要用到能简明反映房屋建筑功能、特色的方案设计图；施工设计时，要用到能详细表达房屋建筑的平面布局、立面外形、内部空间结构等的建筑平面、立面、剖面图，以及必要的结构施工图、设备施工图等。随着技术、工艺、材料和人们认识的发展、变化，人们对生活环境空间的要求也越来越高。过去，根据客户的需要，我们通常只需要在有关的平面图、立面图和剖面图中加注文字说明或加绘一些局部详图就可以了。而现在因客户和设计师对布局、装饰和质量等有不同的艺术品位和要求，再加之新技术、新材料和新工艺的快速发展、应用，之前的"附带说明"已不能达到设计表达的目的，于是工程制图更加凸显其重要性。

本书遵循理论联系实际、深入浅出、体现教育特色的原则编写，注意突出教材的实用性，力求做到图文结合、通俗易懂、简明实用。

本书凝结了许多同仁的辛勤劳动和智慧，在本书编写过程中借鉴了本领域最新的探索和研究成果，并参考了大量著作与文献。

本书共5章，主要介绍室内设计基础知识、室内设计制图基础知识、制图投影绘制、室内设计制图标准、室内工程制图、室内工程图范例等内容。本书可作为高等艺术院校室内设计类、环艺类各专业本科工程制图教材，也可作为高等职业教育各相关专业的教材，还可作为相关工程技术人员的参考用书。

本书由陈雷、王珊珊、陈妍编写，陈雷负责全书的统稿。

由于作者水平有限，加之时间仓促，书中难免存在不足和疏漏，敬请广大读者批评、指正。

编 者

Contents
目 录

目录

绪

论

建筑设计是室内设计的基础，而室内设计是建筑设计的延续、深化和发展。室内设计的重要特点是它的空间性，以实体构成为主要目的，是在建筑限定的空间内再进行分割，进一步完善和丰富建筑设计的空间和层次后，再对空间进行环境设计、陈设设计等。

室内设计工程图是设计师的技术语言，必须繁简得当、表达准确、清晰易懂，否则，施工人员就要猜测，或不停地询问设计人员。在这种情况下，施工成果很容易"走样"，设计意图也很难全面准确地体现出来。这种情形很像讲话：大家都讲普通话，交流起来就会很方便；但如果各操一套方言，不仅很难听懂，甚至会引起诸多误解，给工作带来意想不到的麻烦。

近年来，室内设计与装修业发展很快，任务量逐年加大，设计和施工质量也在提高。然而，也许正因为发展太快，设计与施工中的许多技术问题，还来不及加以规范。"设计工程图的内容、深度与画法不统一"就是这些问题中一个值得注意并须尽快解决的问题。

室内设计工程制图虽然只是室内设计程序中的一个阶段，但却是设计思想得以可靠落实的专业保障，是室内设计的重要技术文件，也是室内装饰施工不可缺少的技术依据。

室内设计工程制图旨在培养学生的空间想象力、自学能力和严谨的设计工作态度。工程制图的图样在表达初步设计、创意构思、便于交流的同时，还可以提高学生的空间想象能力，即从二维平面图样想象三维立体形态。这是很必要的练习，因为今后进行艺术设计创作，需要经常不断地将头脑中想象的形态落实到图面上，或由图面制成立体形态。从感性到理性，从技术到艺术，这是从二维思维到三维思维，又是从三维思维到二维思维的过渡。设计的过程是一个反复的渐进过程，我们生活的每一个环境空间的由来与塑造都经历过这样一个反复与蜕变的过程。我们需要借工程制图这一课程训练这种思维方式和绘画技巧。

我们的设计教学理论必须和设计实践相结合才能学以致用。随着科技的发展，材料的更新速度也是不容忽视的。在教学实践中，我们可以借助工程制图的详图和结构图绘制让学生充分了解设计材料与材料市场，掌控材料市场的更新变化，如：我们在布置作业时，可以限定其材料只能用近三个月市场和设计界最火爆的类型。这样激励学生自学积淀，从而养成自学习惯，提高自学能力，为将来步入社会打下坚实的基础。

设计的构思阶段是大胆的，设计的表现阶段是细腻的，二者的区别不容混淆和忽视。这可以说是一个优秀设计师内在素养的体现。整套设计方案的尺寸如稍有纰漏，就很容易造成施工事故。最后的设计效果，除了施工工艺外，考究的就是设计结构。很多独特或是独树一帜的设计前提，便是设计师一丝不苟的认真态度，即便是一个螺丝的接口都可以塑造出无数的创意语言，形成整个设计的亮点。工程制图的练习过程就像是中国传统书画的作画过程，看似简单、大意，其实不然，已是胸有成竹，只待泼墨抒情了。

一件优秀的设计作品，在于能全面准确地表达设计师的创意思想，通过它一目了然的形式来评价设计方案的优缺点。在二维和三维的转换世界里，工程制图构思理念与图样交替编织，完美结合，以独特的形式向我们展示一个又一个独特的视觉形象。

第1章

室内设计基础知识

学习要点及目标

了解什么是室内设计、室内设计的分类，帮助大家有针对性地进行学习与设计。掌握室内设计的一般程序，明确设计任务与学习目的。

本章导读

室内(Interior)是指建筑物的内部，即建筑物的内部空间。室内设计(Interior Design)就是对建筑物的内部空间进行设计。

现代室内设计是根据建筑空间的使用性质和所处环境，运用物质技术手段和艺术处理手法，从内部把握空间，设计其形状和大小。为了满足人们在室内环境中能舒适地生活和活动，而整体考虑环境和用具的布置设施。学习室内设计，先要从了解室内设计的内容、分类与程序三方面入手。

技能要求

● 明确什么是室内设计和室内设计的任务。
● 了解工程制图的作用。

第一节　室内设计的内容

狭义的室内设计，是指人们对建筑室内空间的界面及构造进行装修装饰，完成对构造物的围护遮蔽和装潢，满足观感；广义的室内设计则是指人们通过科学的手段，运用现代的技术，融合感性的人文理念对工作和生活环境的创造过程。室内设计是一种整合艺术，需要综合把握各种要素，从整体需要出发、从分隔空间入手，再进行界面的处理和陈设装饰，通过技术手段和艺术手段为人们的生产、生活创造一个理想的内部环境。室内设计的具体内容如图1-1所示。

一、合理的空间分割，建立完善的空间关系

室内设计首先要进行的是空间的划分，这是室内空间设计的基础，而空间各组成部分之间的关系主要是通

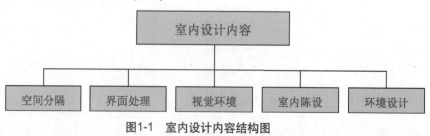

图1-1　室内设计内容结构图

过分隔的方式体现的。

空间的分割不但是一个技术问题，也是一个艺术问题。除了从功能使用要求来考虑空间的分割和联系外，还要考虑处理的形式、组织、比例、方向、线条、构成以及整体布局等。良好的空间分割总是以少胜多、构成有序、自成体系，能反映出设计风格。

空间的分割应该处理好不同的空间关系和分隔层次。首先是室内外空间的分割，如入口、天井、庭院，它们与室外紧密联系，体现内外结合及室内空间与自然空间交融等；其次是内部空间的分割，主要表现在完全分割、局部分割、象征性分割、弹性分割等形式上。

1．完全分割

完全分割是以封闭式分隔为目的，对声音、视线、温度等进行隔离，形成独立的空间，如图1-2～图1-4所示。这样使相邻的空间之间具有一定的私密性，有利于隔绝外来的干扰，但是流动性较差，给人感觉严肃、安静、沉闷。在使用上，空间变化会受到限制，但提供了更多的墙面，容易布置家具。完全分割空间形式多用于卡拉OK包厢、餐厅包厢及居住性建筑。

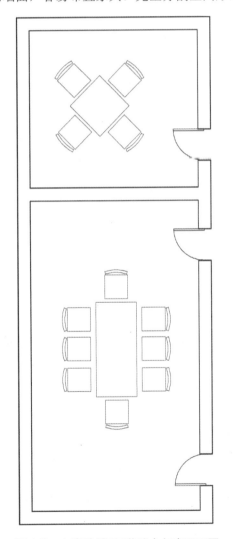

图 1-2　上海外滩3号黄埔会包房平面图

图1-3　上海外滩3号黄埔会4人包房

图 1-4　上海外滩3号黄埔会8人包房

2. 局部分割

局部分割的空间是流动的、渗透的，较完全分割更加灵活。在空间感觉上能给人以一定的私密感，有自己的活动区域，却不单调、孤立。空间以隔屏、透空式的高柜、矮柜、不到顶的矮墙或透空式的墙面、装饰物等来分割空间，其视线可相互渗透，强调与相邻空间之间的连续性与流动性，如图1-5和图1-6所示。

图1-5　北京王府饭店内部空间

图1-6　上海黄埔会餐厅

3. 象征性分割

空间以建筑物的梁柱、材质、色彩、绿化植物或地坪的形状、高低差等来划分空间。通过人的感觉形成一定的围护功能，这种分割形式空间的分割性不明确、视线上没有物体的阻隔，但通过象征性的区隔，在心理层面上仍是相互区分的两个空间，如图1-7所示。

4. 弹性分割

有时两个空间之间的分割方式居于完全分割或局部分割之间，但在有特定目的时可利用暗拉门、拉门、活动帘、叠拉帘等方式分割两个空间。可以根据使用需求随时启闭或移动。例如：卧室兼起居或儿童游戏空间，当有访客时将卧室门关闭，可成为一个独立而又具有隐私性的空间；

图1-7　外滩中心餐厅局部

在餐饮空间中利用活动拉帘将大堂分成若干个独立
区域，当有婚宴等活动时收起活动拉帘，便是一
个大型的敞开式空间，如图1-8所示。

二、空间界面处理，创造舒适的空间环境

人们对室内环境气氛的感受，通常是综合的、
整体的，既有空间形状，也有作为实体的界面视
觉感受。

室内界面，即室内空间的底面(楼、地面)、侧面
(墙面、隔断)和顶面(天花、顶棚)。人们使用和感受
室内空间，但通常直接看到甚至触摸到的则为界面实
体。从室内设计的整体观念出发，我们必须把空间与
界面、"虚无"与实体这一对"无"与"有"的矛
盾，有机地结合在一起来分析和对待。但是在具体的
设计进程中，不同阶段也可以各具重点，例如，在室
内空间组织、平面布局基本确定以后，对界面实体的
设计就显得非常突出。室内界面的设计，既有技术

图1-8　北京王府酒店局部

要求，也有造型和美观要求。作为材料实体的界面，有界面的线形和色彩设计、界面的材质
选用和构造问题。此外，现代室内环境的界面设计还需要与房屋室内的设备周密地协调，例
如，界面与风管尺寸及出、回风口的位置，界面与嵌入灯具或灯槽的设置，以及界面与消防
喷淋、报警、通信、音响、监控等设施的接口。只有将界面的设计考虑周全，才能在将来的
施工图制作阶段更加方便、得心应手。

三、良好的视觉环境，建造独特的生活和工作空间

视觉环境包括光照、色彩及材质等因素。光照、色彩与材质这三方面在空间中通常是融
合在一起、相互作用，形成整体氛围的。只有灵活地处理三者的关系，才能使室内设计形成
独特的风格，如图1-9和图1-10所示。

图 1-9　某卧室空间

图1-10 时尚艺术中心

● 光照设计：自然采光和人工照明。

● 根据设计定位选择色调：大调和、小对比，另外要考虑色彩依附于不同界面的效果。

● 饰面材料的选用：同时具有满足使用功能和人们身心感受这两方面的要求。

四、室内陈设布置，建造合理实体空间

就广义而言，陈设是指建筑物室内除固定于墙、地面、天花的建筑构件和设备外的一切使用或专供观赏的物品。而室内陈设的范围甚为广泛，大至占整幅墙面的壁画、室内大型雕塑、屏风、家具等，小至玉器、微雕、植物等，都可纳入陈设之列。由于陈设占据了室内空间环境的很大部分，因而其重要性不言而喻。

室内陈设的选择和布置应考虑以下几点。

1. 室内的陈设应与室内使用功能相一致

一幅画、一件雕塑、一副对联，它们的线条、色彩不仅为了表现本身的题材，也应与空间场所相协调，只有这样才能反映不同的空间特色，形成独特的环境气氛，赋予深刻的文化内涵，而不至于沦为华而不实、千篇一律的境地。如日本建筑大师安藤忠雄设计的"光之教堂"中，牧师桌子上的募捐箱是以教堂标志"十"为开口的，时刻烘托教堂氛围，并显示了室内风格与陈设的统一。

2. 室内陈设的大小、形式应与室内空间及家具尺度取得良好的比例关系

室内陈设过大，常使空间显得小而拥挤；过小，又可能使室内空间显得过于空旷。局部的陈设也是如此，例如沙发上的靠垫做得过大，会使沙发显得很小；而过小，则又如玩具一样与沙发很不相称。陈设的形状、形式、线条更应与室内空间和室内装修取得密切的配合，运用多样统一的美学原则达到和谐的效果。

3. 陈设的色彩、材质也应与装修统一考虑，形成一个协调的整体

在色彩上可以采用对比的方式突出重点，或采用调和的方式使家具和陈设之间、陈设和陈设之间得到相互呼应、彼此联系的协调效果。

色彩又能起到改变室内气氛、情调的作用。例如，无彩色处理的室内色调偏于冷淡，常利用一簇鲜艳的花卉或一对暖色的灯具，使整个室内气氛活跃起来。

4．陈设的布置应与空间功能紧密配合，形成统一的风格

家具具有组织空间的功能，合理地对家具进行选择和布置能确定空间功能和完善室内风格。对于室内除家具外的陈设，要考虑良好的视觉效果，稳定的平衡关系，空间的对称或非对称，静态或动态，对称平衡或不对称平衡，风格和气氛的严肃、活泼、活跃、雅静等因素。

五、合理的室内环境，建造舒适的室内空间

室内环境系统实际上是建筑构造中满足人的各种生理需求的物理人工设备与构件。环境系统是现代建筑不可或缺的有机组成部分，涉及到水、电、风、光、声等多种技术领域，由采光与照明系统、电气系统、给排水系统、供暖与通风系统、音响系统、消防系统组成。它是现代设计与现代社会发展的必然结果，是室内环境设计中的重要环节。

- 采光与照明系统：自然采光受开窗形式和位置的制约；人工照明受电气系统及灯具配光形式的制约。采光与照明对光线的强弱明暗、对光影的虚实形状和色彩、对室内环境气氛的创造有着举足轻重的作用。
- 电气系统：在现代建筑的人工环境系统中居于核心位置，各类系统的设备运行，供水、空调、通信、广播、电视、保安监控、家用电器等都要依赖于电能。在电气系统中，强电系统的功率对室内设备与照明产生影响；弱电系统的设备位置、造型与空间形象发生关系。
- 给排水系统：上下水管与楼层房间具有对应关系，室内设计中涉及用水房间须考虑相互位置的关系。
- 供暖与通风系统：设备与管路是所有人工环境系统中体量最大的，它们占据的建筑空间和风口位置会对室内视觉形象的艺术表现形式产生很大影响。

01

第二节　室内设计的分类

室内设计涉及的内容非常广泛和丰富，了解和掌握了它的分类有利于有针对性地展开工作。一般的室内设计分类可以根据以下几方面划分。

一、按设计内容分类

按设计内容可分为室内装修设计(空间划分、界面处理)、室内物理设计(声学设计、光学设计)、室内设备设计(室内给排水设计、室内供暖、通风、空调设计、电气、通信设计)、室内软装设计(窗帘设计、饰品选配)。

二、按设计深度分类

按设计深度可分为室内方案设计、室内初步设计、室内施工图设计。

三、按使用性质分类

按使用性质可分为公共空间设计、居住空间设计、工业空间设计、农业空间设计等。

1．公共空间

公共空间是提供人们进行各种社会活动所需要的公共活动空间，在建造中要求保证公众使用的安全性、合理性和社会管理的标准性。它除了要保证满足技术条件外，还必须严格地遵循一些标准、规范与限制。公共空间主要包括以下内容：

办公空间：机关、企事业单位办公楼等；
文教空间：学校、图书馆、文化馆等；
托教空间：托儿所、幼儿园等；
科研空间：研究所、科学实验楼等；
医疗空间：医院、门诊部、疗养院等；
商业空间：商店、商场、购物中心等；
观览空间：电影院、剧院、音乐厅、杂技场等；
体育空间：体育馆、体育场、健身房、游泳池等；
旅馆空间：旅馆、宾馆、酒店、招待所等；
交通空间：航空港、水路客运站、火车站、汽车站、地铁站等；
广播空间：电信楼、广播电视台、邮局等；
纪念性空间：纪念堂、纪念碑、陵园等。

2．居住空间

居住空间是人们生活的重要空间，它更关注的是体现人们个性化的生活理念，创造一个科学的、最合适的居住环境，最大限度地提高人们的生活质量，如住宅、宿舍等。

3．工业空间

工业空间是指为工业生产服务的各类建筑，如生产车间、辅助车间、动力用房、仓储建筑等。

4．农业空间

农业空间是用于农业、牧业生产和加工用的建筑，如温室、畜禽饲养场、粮食与饲料加工站、农机修理站等。

四、按室内设计的风格分类

按室内设计的风格分为传统风格、现代风格及混合型风格等。

1．传统风格

传统风格是指具有历史文化特色的室内风格，一般相对现代风格而言，强调历史文化的传承，人文特色的延续。传统风格即一般常说的中式风格、欧式风格、伊斯兰风格、地中海风格等。同一种传统风格在不同的时期、地区其特点也不完全相同。如欧式风格分为哥特风格、巴洛克风格、古典主义风格、法国巴洛克风格、英国巴洛克风格等；中式风格分为明清风格、隋唐风格、徽派风格等。

2. 现代风格

现代风格即现代主义风格。现代风格起源于1919年成立的鲍豪斯(Bauhaus)学派，强调突破旧传统，创造新建筑，重视功能和空间组织，注意发挥结构构成本身的形式美，造型简洁，反对多余装饰，崇尚合理的构成工艺，尊重材料的性能，讲究材料自身的质地和色彩的配置效果，发展了非传统的以功能布局为依据的不对称的构图手法，重视实际的工艺制作操作，强调设计与工业生产的联系。"简约"、"少即是多"等理念多体现在现代风格设计中。

3. 混合型风格

混合型风格也称为混搭风格，即传统与现代风格的组合搭配，也可以是不同传统风格的组合，如中西风格的结合。现在多运用的"新中式"风格将现代元素与传统元素结合在一起，以现代人的审美需求打造富有传统韵味的事物，既传承了文化与历史，又能体现出一定的时代进步，被更多的人所接受。

第三节　室内设计程序

室内设计根据设计的进程，通常可以分为4个阶段，即设计准备阶段、方案设计阶段、施工图设计阶段和设计实施阶段，如图1-11所示。

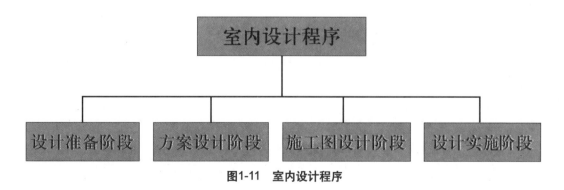

图1-11　室内设计程序

一、设计准备阶段

设计准备阶段主要是接受委托任务书，签订合同，或者根据标书要求参加投标；明确设计期限并制订设计进度计划，考虑各有关工种的配合与协调；明确设计任务和要求，如室内设计任务的使用性质、功能特点、设计规模、等级标准、总造价，根据任务的使用性质所需创造的室内环境氛围、文化内涵或艺术风格等；熟悉与设计有关的规范和定额标准，收集分析必要的资料和信息，包括对现场的调查踏勘以及对同类型实例的参观等。在签订合同或制定投标文件时，还包括设计进度安排、设计费率标准(即室内设计收取业主设计费占室内装饰总投入资金的百分比)。

二、方案设计阶段

方案设计阶段是在设计准备阶段的基础上，进一步收集、分析、运用与设计任务有关的资料与信息，构思立意，进行初步方案设计和深入设计，进行方案的分析与比较。确定设计方案，提供设计文件，这些用CAD、3ds Max、Photoshop来实现。设计方案需经审定后，方可进行施工图设计。

三、施工图设计阶段

设计方案确定后，为了全面地反映室内设计的各项成果，把创意和想象的方案用一种标准、通用图形表示出来，用以表达和指导室内装饰施工，这种工程图样叫做室内设计工程图。

方案图、工程图是设计师及施工人员的技术语言。

室内设计工程图虽然只是室内设计程序中的一个阶段，但却是室内设计的重要技术文件，室内设计工程图是室内装饰施工不可缺少的技术依据。效果图和工程图，永远是组成室内艺术设计不可分割的部分。

施工图设计阶段需要补充施工所必要的有关平面布置、室内立面和剖面等图纸，还需包括构造节点详图、细部大样图以及设备管线图，编制施工说明和造价预算。

在建筑装饰工程中，无论我们从事行业中的哪一类职业，施工图都是最为重要的基础资料。一个建筑装饰工程如果没有施工图，设计师的创作就无法得到实际的体现，设计师的灵感也就只能是一场空想；工程师就无法按图施工，也就不能把设计理念变成工程实体；造价师就无法计算装饰工程的预算价格，从而影响工程款的确定和拨付情况。可以说如果没有施工图，任何与建筑装饰工程有关的实践活动都将无法开展，因而这一阶段尤为重要。

四、设计实施阶段

设计实施阶段即工程的施工阶段。设计人员在室内工程施工前，应向施工单位进行设计意图说明及图纸的技术交底；工程施工期间需按图纸要求核对施工实况，有时还需根据现场实况提出对图纸的局部修改或补充；施工结束时，会同质检部门和建设单位进行工程验收。

为了使设计取得预期效果，室内设计人员必须抓好设计各阶段的环节，充分重视设计、施工、材料、设备等各个方面，并熟悉、重视与原建筑物的建筑设计、设施设计的衔接，同时还须协调好与建设单位和施工单位之间的相互关系，在设计意图和构思方面取得沟通与共识，以期取得理想的设计工程成果。

本章小结

室内设计是根据建筑物内部空间的使用性质，运用技术与艺术相结合的手段，创造出功能合理、舒适美观，有利于人们工作、学习和生活的理想场所，并满足人们精神上的需求。而室内工程制图正是表达这种设计意图的一种手段。熟练掌握室内设计的相关内容，能帮助设计师更好地表达出设计思想，更明确地组织施工。

1．室内设计的内容有哪些？

2．室内设计是如何进行分类的？

3．室内设计的程序是怎样的？

01

第2章

室内设计制图基础知识

正确使用工具和仪器，掌握绘图工具的使用方法，保证绘图质量、加快绘图速度、提高绘图效率。掌握室内设计图纸内容，初步了解每部分图纸内容及特点。

本章导读

室内设计制图是设计表达的一种形式，设计表达包括二维图形、三维图形、立体模型及电脑图像等形式。绘制施工图必须严格遵守国家或者地区有关施工图绘制的标准和规范。目前国家尚未制定和颁发室内设计施工图的规范和标准，基本上沿用建筑图的制图规范和国家标准。

技能要求

● 绘图姿势正确，树立良好的制图习惯。
● 保持工具及图纸干净、整洁。

第一节　制图工具和使用方法

学习制图，首先要了解各种绘图工具和仪器的性能，熟练掌握它们的正确使用方法，并经常进行保护、保养，才能保证绘图质量，加快制图速度。常用的制图工具有绘图板、丁字尺、三角板、圆规、分规、比例尺、曲线板、建筑模板、铅笔、绘图笔等。

一、绘图板、丁字尺

绘图板是固定图纸的工具，用木料制成，板面要求平坦光洁，软硬合宜。绘图板两端必须平直，一般镶嵌不易收缩的硬木，图板放置时应保护好短边。绘图板尺寸一般有0号绘图板(900mm×1200mm)、1号绘图板(600mm×900mm)、2号绘图板(450mm×600mm)等几种规格。

丁字尺是用来画水平线和配合三角板画垂直线、斜线的工具，由尺头和尺身组成。使用时，以左手扶尺头，使尺头靠紧在图板的工作边上小推移，对准所要画的位置后，用右手压住尺身，再将左手移至右手处压紧尺身，然后用右手沿尺身工作边从左向右画线，如图2-1所示。

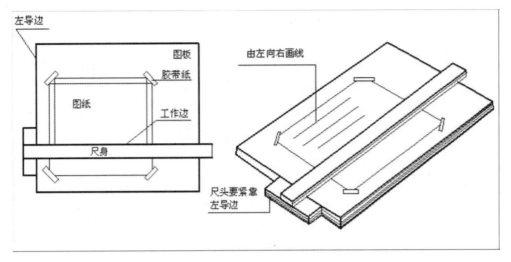

图 2-1　绘图板与丁字尺的用法

丁字尺只能将尺头靠在绘图板的左边使用，不能将尺头靠在绘图板的右边或上、下边使用，也不能在尺身下边缘画线，如需画铅垂线，须与三角板配合使用。

二、三角板

一副三角板由两块组成，即等腰直角三角形(45°-45°)和直角三角形(30°-60°)。三角板除了直接用来画直线外，也可配合丁字尺画铅垂线及多种角度的倾斜直线(15°、30°、45°、60°、75°)。使用三角板配合丁字尺画线时，将三角板的一个直角边紧靠丁字尺工作边，即可画出垂直线和各种15°角倍数的倾斜直线，如图2-2所示。

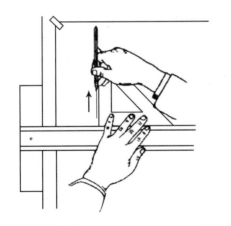
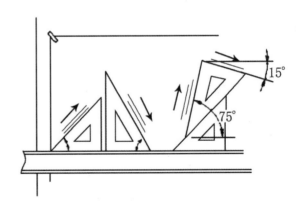

(a)用三角板画平行线及垂直线　　　　(b)用三角板画15°倍数的倾斜直线

图2-2　三角板配合丁字尺画线的使用方法

三、圆规和分规

圆规用于画圆和圆弧。使用前应先调整针脚，钢针选用带台阶一端，使针尖略长于铅芯，使用时将针尖插入图板，台阶接触纸面，画图时应使圆规向前进方向稍微倾斜，如图2-3

所示。画大圆时，应使圆规两脚都与纸面垂直。

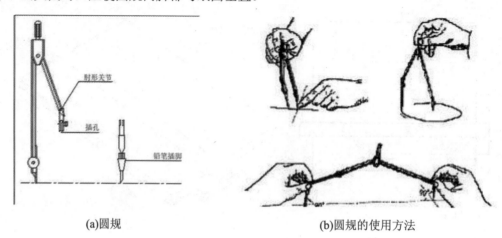

(a)圆规   (b)圆规的使用方法

图 2-3   圆规及圆规的使用方法

分规是用来等分和量取线段的，分规在两脚并拢后，应能对齐，如图2-4(a)所示。用分规试分线段的方法如图2-4(b)所示，三等分线段AB，先目测将分规两脚间距离调整到约为线段AB三分之一长度，自A点开始试分，若C点不到B点则放大约三分之一的BC，重新自A点开始试分，直至C点与B点重合为止，一般试分两三次即可达到要求。

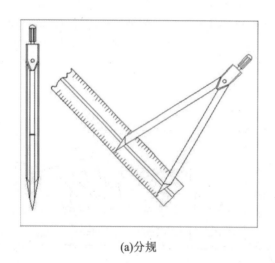

(a)分规   (b)分规的使用方法

图2-4   分规及分规的使用方法

四、比例尺

比例尺是用来缩小(或放大)图样的工具。常用的比例尺有两种：一种外形呈三棱柱体，上有6种不同比例的刻度(1∶100、1∶200、1∶300、1∶400、1∶500、1∶600)，也称为三棱尺；另一种外形像普通直尺，有三种不同的刻度(1∶100、1∶200、1∶500)，如图2-5所示。

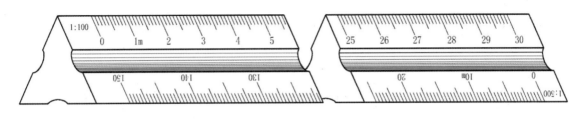

(a) 比例尺

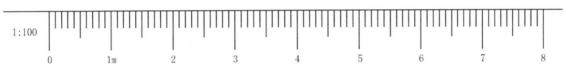

每一小格为0.1m

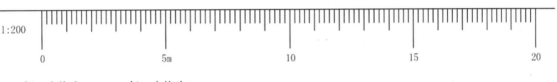

每一小格为0.2m　　每一大格为1m

每一小格为0.5m　　每一大格为1m

(b) 比例尺的识读

图2-5　比例尺与比例尺的识读

五、曲线板和建筑模板

曲线板是用来画非圆曲线的工具。用法是先将非圆曲线上的点依次用铅笔轻轻地圆滑连好，再将曲线板能与曲线重合的一段(至少三点)描绘下来。一段压一段地连接，以保证接头准确、曲线匀滑，如图2-6所示。

(a) 曲线板

(b)曲线板的使用方法

图2-6　曲线板与曲线板的使用方法

建筑模板主要用来画各种建筑标准图例和常用符号，如柱子、墙、门开启线、坐便器、水盆标高符号等。模板上刻有可用以画出各种不同图例或符号的孔，其大小已符合一定的比例，只要沿着孔内边缘画出即可，如图2-7所示。

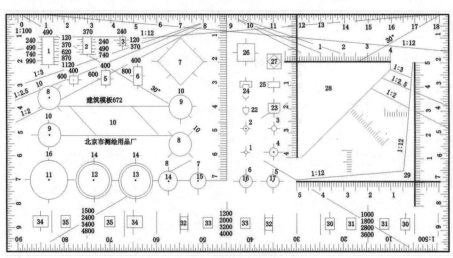

图 2-7　建筑模板

六、铅笔和绘图笔

铅笔是绘制图线的主要工具，分软(B)、硬(H)、中性(HB)三种。一般将H或HB型铅笔削成圆锥状，用来画细线和写字；将 HB或B型铅笔用砂纸磨成铲状，用来画粗实线，如图2-8所示。

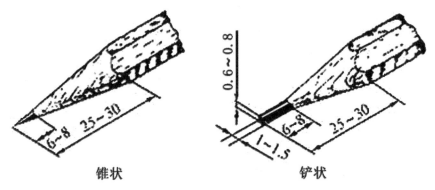

锥状　　　　　　　　铲状

图2-8　铅笔

绘图笔又称做针管笔，用来描绘图样的墨线。针管笔有注水针管笔与一次性针管笔两种。注水针管笔的笔尖细软，绘画时要立起笔杆使笔杆与画面垂直使用，且笔尖容易被纸面纤维堵住，使用一段时间后应及时清理笔尖，如图2-9(a)所示。一次性针管笔为纤维笔头，不会出现堵塞笔尖的现象，但用笔时切勿用力过重，以免损坏笔尖，如图2-9(b)所示。两种类型的笔尖粗细有一定的规格，如0.05 mm、0.1 mm、0.2 mm、0.25 mm、0.3 mm、0.5 mm、0.8 mm、1.2mm等，品牌不同，规格型号也略有偏差。画图时笔尖可倾斜12˚～15˚，画线时用笔速度、力度要均匀，保持线条流畅。

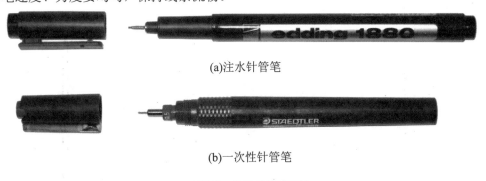

(a)注水针管笔

(b)一次性针管笔

图2-9　绘图笔(针管笔)

第二节　室内设计图纸内容

室内设计图纸内容一般包括图纸目录、设计总说明、平面图、立面图、剖面图、节点详图等。具体图纸绘制方法见第5章。

在室内设计工程中，用于指导施工的主要图样大致可分为重要图样、主要图样、局部图样和辅助图样。其中，由于平面图和立面图使用较多，用途广泛，所以业内普遍认为，它们应属重要图样和主要图样。一些较小的工程，比如家庭装修，配以剖面图和节点详图等局部图样，即可指导小型工程。

(1) 图纸目录：表现各图纸编排情况，方便查阅。

(2) 设计总说明：总说明中要表现出整个方案的设计意图、材料选用情况及施工注意事项，以及遇到相关问题的处理意见。

(3) 平面图：主要要表示出墙、柱、门、窗、洞口的位置，门、窗的开启方式；室内家具、陈设和卫生洁具的位置和形式；屏风、隔断、花格、帷幕等空间分隔物的位置和尺寸；其他固定设施的位置和形式。还应在一定程度上表示出地面的做法。

平面图一般包含平面布置图(如图2-10所示)、地面铺装图(如图2-11所示)、天花图(天花造型图、灯位图等)(如图2-12所示)。

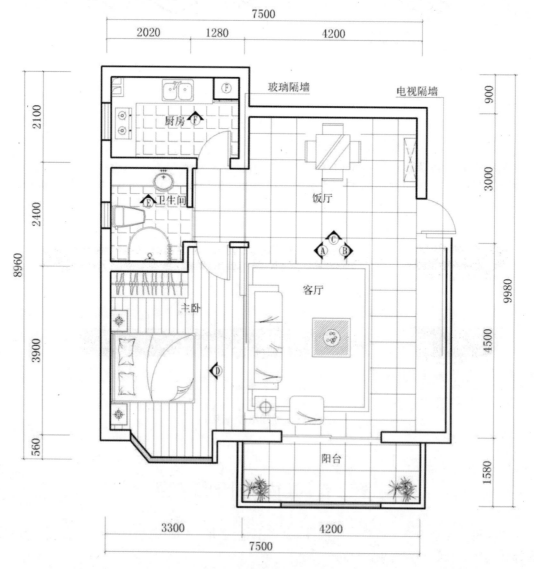

图2-10 某居室平面布置图

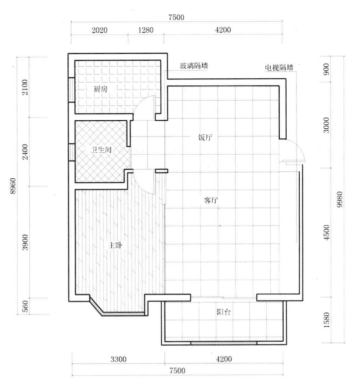

图2-11 某居室地面铺装图

图2-12 某居室天花图

(4) 立面图：主要要表示出墙面、柱面的装修方法；门、窗及窗帘的位置和形式；屏风、隔断、花格、帷幕等空间分隔物的外观和尺寸；墙面、柱面上的灯具、挂画、浮雕、壁画等装饰；还应在一定程度上表示出顶棚的做法和其上的灯具，如图2-13所示。

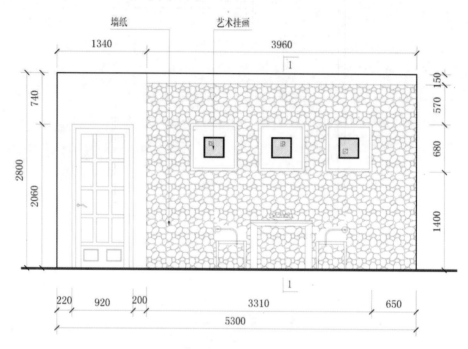

图2-13　某居室立面图

(5) 剖面图：主要要表示出墙面、柱面的装修方法、构造材料、面层材料，如图2-14所示。

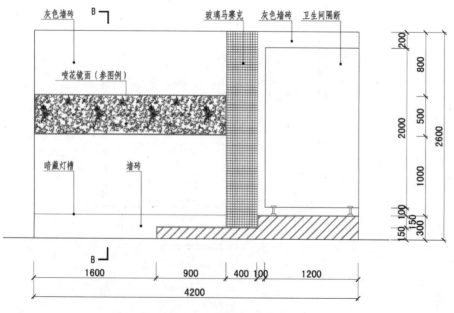

图2-14　某居室剖面图

(6) 节点详图：是将室内平面图或立面图需要详细表达的局部结构形状、连接方式、制作要求等，如图2-15所示。

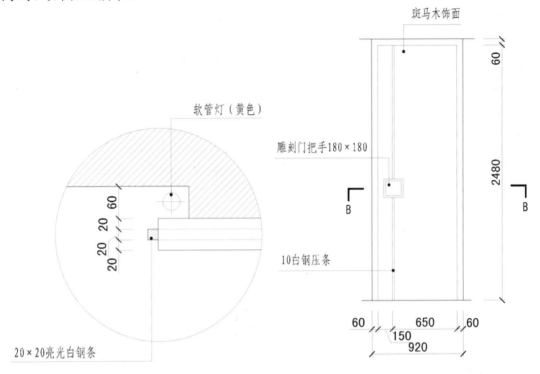

图2-15　某居室节点详图

第三节　室内设计图纸编排方法

为了能够清楚、快速地阅读图纸，图样在图幅上排列要遵循一定规则，所有构图要遵守齐一性原则。这样可以使图面的组织排列在构图上呈统一整齐的视觉编排效果，并且使得图面内的排列在上下、左右都能形成相互对应的齐律性。

一个项目的完成是由许多专业共同协调配合完成的，如建筑、结构、水电、暖通等专业，他们按照各自的要求用投影的方法，遵循国家颁布的制图标准及各专业的习惯画法，完整、准确地用图样表达出建筑物的形状、大小尺寸、结构布置、材料和构造做法，是施工的重要依据。

在同一专业的一套完整图纸中，也包含多种内容，这些不同的图纸内容要按照一定的顺序编制，先总体、后局部，先主要、后次要；布置图在先、构造图在后，底层在先、上层在后；同一系列的构配件按类型和编号的顺序编排。例如：一套完整的室内施工图内容和顺序为封面、目录、设计总说明、工程做法、平面图、立面图、剖面图、节点详图、固定家具制作图、装修材料表。

本章小结

1. 正确使用制图工具是提高制图质量、准确和迅速绘制图样的前提。掌握一定的手工制图基础是清晰表达绘图思路的有利途径。

2. 室内图纸由封面、目录、设计总说明、平面图、立面图、剖面图、节点详图等内容组成，了解每种图纸的内容及特点，明确学习目的。

课后习题

1. 用比例尺量出图2-16的比例。

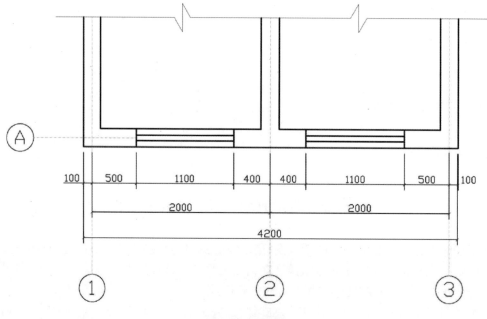

图2-16 题1图

2. 室内设计图纸有哪些内容?

3. 一套完整的室内施工图的图纸编排顺序是怎样的?

第3章

制图投影绘制

学习要点及目标

通过投影法的介绍了解工程图的成图原理、识图法则，建立空间想象模式。掌握形体分析方法、线面分析方法，通过一系列的绘图实践，多看多想多画，提高独立分析能力和解决看图及画图问题能力。

本章导读

工程图样是依据投影原理而形成的，绘图的基本方法是投影法，因此绘制室内施工图纸，必须了解投影的规律及成图原理。

● 投影方向线(辅助线)与投影图线要区分开，避免混淆。

● 三视图的展开后视图要按规定位置绘制，从图中能看出视图的三等关系。

● 标注尺寸时与图保持一定距离。

第一节　投影与制图

一、投影法

在日常生活中，存在着一些投影现象。例如物体在灯光或阳光的照射下，会在地面或墙面上留下影子，这个现象就是投影。

具体地说，在平面上画出物体的图形，就要设有投影面和投影线，投影线通过物体上各顶点后与投影面相交，则在投影面上得到物体的图形，这种图形就叫投影，又称做视图。就像观察者站在远处观看物体后获得的图形，这样获得视图的方法就称作投影法，如图3-1所示。

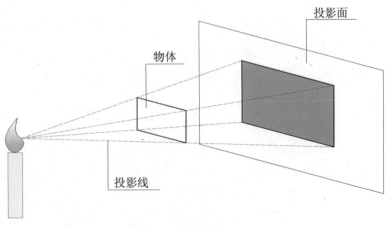

图3-1　投影原理

二、投影法的分类

根据光源的照射形式：不平行光(烛光、灯光等)和平行光(太阳的光线)，前者所形成的投影称做中心投影，后者所形成的投影称做平行投影。

1. 中心投影法

所有的投射线都交于投影中心的投影方法称为中心投影法。

如图3-2所示，设S点为一白炽灯的发光点。自S发出无数光线，经三角板三个顶点A、B、C形成三条投影线，延长，与投影面(H)相交得三个点a、b、c，三角形abc为三角板的投影。这种投影的形式被称为中心投影法。

中心投影法不能反映出物体的真实形状和大小，并且会随着物体的位置变化而变化。中心投影法常用于透视图中，不能作为工程图。

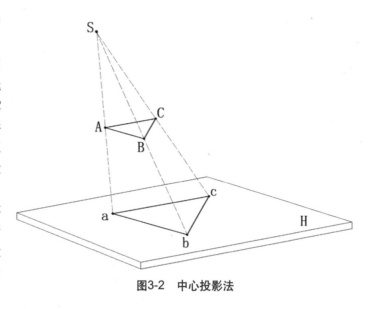

图3-2　中心投影法

2. 平行投影法

所有的投影线相互平行的投影方法叫做平行投影法，如太阳离地球较远，所照射出的光线可作为平行光线，所得的投影即为平行投影。

根据投影线是否与投影面垂直，平行投影法又分为正投影法和斜投影法。

(1) 正投影——投影线垂直于投影面的投影法称为正投影法，如图3-3所示，所得的投影△abc称为正投影。

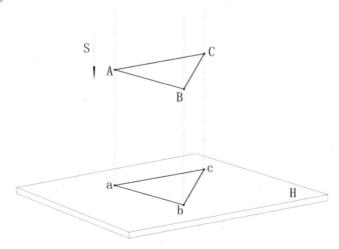

图3-3　正投影法

(2) 斜投影——投影线与投影面倾斜的平行投影法称为斜投影法。如图3-4所示，所得的投影△abc称为斜投影。斜投影法一般用于轴测图的绘制，能表现出物体的立体形象和尺寸。

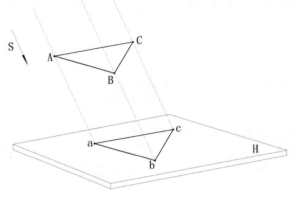

图3-4　斜投影法

第二节　三面投影图(三视图)及其对应关系

一、三视图的形成

用正投影法绘制出的图形称作视图。用正投影法绘制物体视图时，是将物体放在绘图者和投影面之间，以观察者的视线作为互相平行的投影线，将观察到的物体形状画在投影面上。

如图3-5所示，几个形状不同的物体在同一个投影面上的投影是相同的，因此，物体的一个视图不能反映出其真实形态，需要有其他方向的投影，才能清楚、完整地反映出物体的全貌。为此，我们设置三个互相垂直的平面作为投影面来表达物体的形状。

原来的投影面H，称为水平投影面，简称平面；增设V面，称为正立投影面，简称正面；增设垂直于H、V两个面的W面，

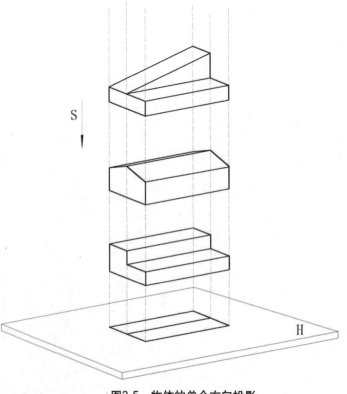

图3-5　物体的单个方向投影

称为侧立投影面，简称侧面，如图3-6所示。

三个投影面形成三个体系，出现三个投影轴OX、OY、OZ，并且相互垂直交于一点O，称为原点。在三个体系中放置一个物体，使其主要面平行于投影面，用正投影法在H、V、W面中得到三个投影，称三视图，如图3-7所示。

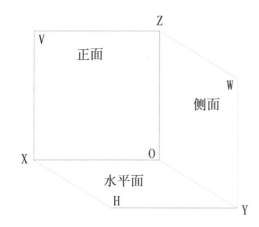

图3-6 三个方向投影面体系

图3-7 三视图形成

三个视图分别说明如下。
● 主视图：又称作正立面图，在V面上得到的投影图，由前向后投影；
● 俯视图：又称作平面图，在水平面H上得到的投影图，由上向下投影；
● 左视图：又称作侧立面图，在W面上得到的投影图，由左向右投影。

二、三视图的展开

为了使三个视图在一张纸上显示，必须把三个面按规则展开。展开时，正面V保持不动，H面绕OX轴向下旋转90°，W面绕OZ轴向右旋转90°，使三个投影面展开，如图3-8和图3-9所示。为了作图方便，可做一条45°的辅助线反应平面图与侧面图的对应关系。

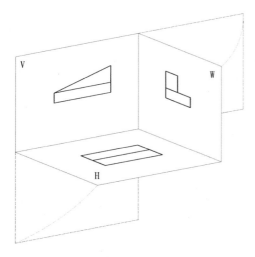

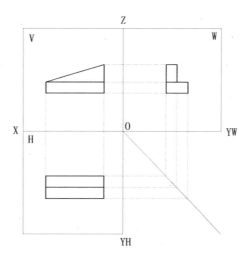

图3-8 三个投影面展开

图3-9 三个投影面展开后的视图

三、三视图的对应关系

1. 三视图的位置关系

平面图在正立面图的下方，侧立面图在正立面图的右侧，三个视图位置不发生改变。

2. 三视图的三等关系

三视图是由同一物体在同一位置情况下，进行的三个不同方向的正投影得到的，因此各个视图间存在着严格的尺寸关系。如图3-10所示，正立面图和平面图的长度相等并对正；正立面图和侧立面图的高度相等并且平齐；平面图、侧立面图的宽度相等。

总结起来就是：长对正、高平齐、宽相等。

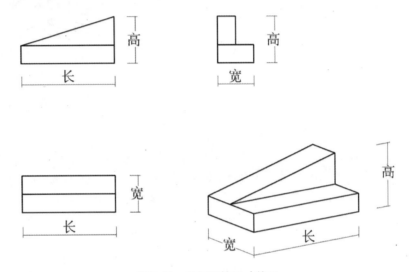

图3-10　三视图的尺寸关系

第三节　点、直线、平面的投影

一、点的投影

点是构成线、面、体的最基本元素，因此，掌握点的投影是学习制图识图的基础。

假设空间有A点，将其放在三面投影体系中，自A点分别向三个投影面做垂线，获得点的三个投影。空间点为A，在H面的投影用小写字母 a 表示，V面的投影用a′ 表示，W面的投影用a″ 表示，如图3-11所示。

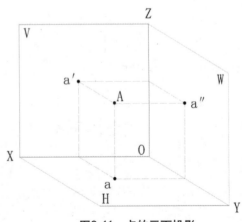

图3-11　点的三面投影

再将三个投影面展开后摊平，在每一个投影平面内，都可表现出A点的投影图形，如图3-12所示。

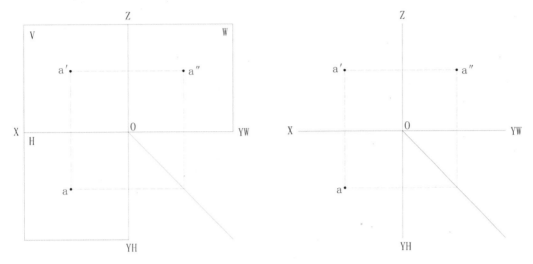

图3-12 点的投影

点的投影图特征如下。

(1) 点的正面投影和水平投影的连线，在同一垂直线上；

(2) 点的正面投影和侧面投影的连线，在同一水平线上；

(3) 点的水平投影到OX轴的距离，等于该点的侧面投影到OZ轴的距离，反映空间点到V面的距离(同理，空间点到H面和W面的距离也可以从点的正面、水平投影中得到反映)。

二、直线的投影

直线的投影实际上是直线两端点的投影，因此，直线的投影是建立在点的投影基础之上的。

1. 直线实长的投影图特征

直线对一个投影面相对位置有平行、垂直、倾斜三种，如图3-13所示。

直线平行于一个投影面，该直线叫做"投影面平行线"。

直线垂直于一个投影面，该直线叫做"投影面垂直线"。

直线倾斜于投影面，

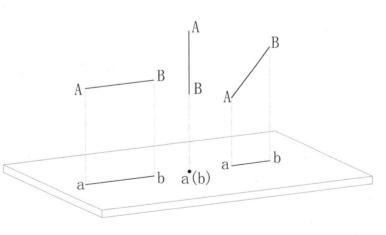

图3-13 直线的投影

该直线对投影面既不平行也不垂直，该直线叫做"一般位置直线"。

2．直线在三面体系中的投影

(1) 投影面平行线(如图3-14所示)：直线平行于投影面有以下三种形式。

● 水平线：平行于H面，与V、W面倾斜的直线，如图3-14中的直线AB；
● 正平线：平行于V面，与H、W面倾斜的直线，如图3-15中的直线AB；
● 侧平线：平行于W面，与H、V面倾斜的直线，如图3-16中的直线AB。

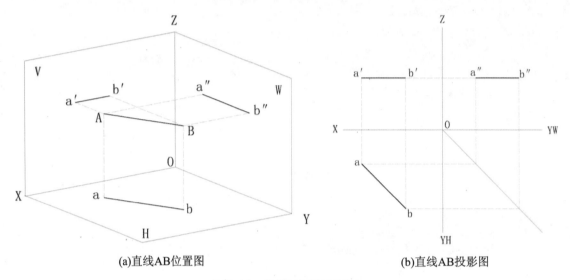

(a)直线AB位置图　　　　　　　(b)直线AB投影图

图 3-14　直线AB平行于H面

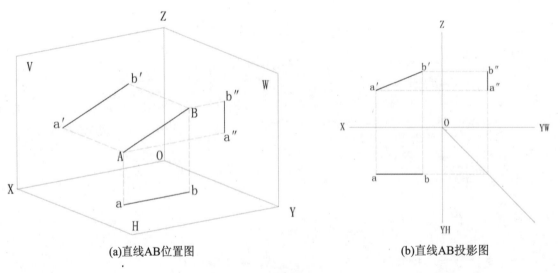

(a)直线AB位置图　　　　　　　(b)直线AB投影图

图 3-15　直线AB平行于V面

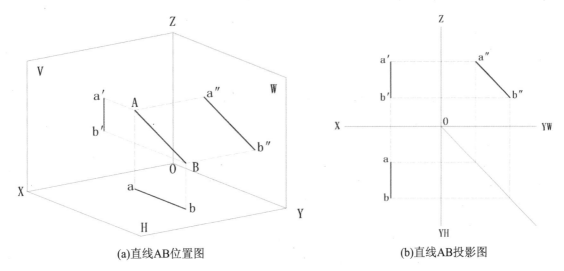

(a)直线AB位置图　　　　　　　　(b)直线AB投影图

图 3-16　直线AB平行于W面

投影特征：直线在所平行的投影面上的投影反映物体实长，在另外两个投影面上的投影分别平行于对应的投影轴，且其长度要缩短。

(2) 投影面垂直线：直线垂直于投影面有以下三种形式。

● 铅垂线：垂直于H面的直线，如图3-17中的直线AB；
● 正垂线：垂直于V面的直线，如图3-18中的直线AB；
● 侧垂线：垂直于W面的直线，如图3-19中的直线AB。

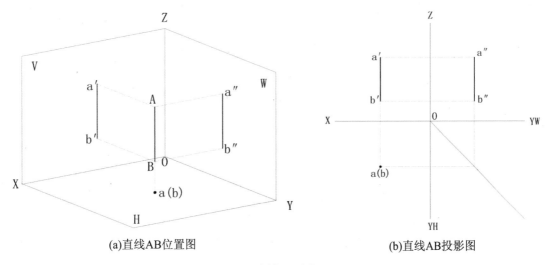

(a)直线AB位置图　　　　　　　　(b)直线AB投影图

图 3-17　直线AB垂直于H面

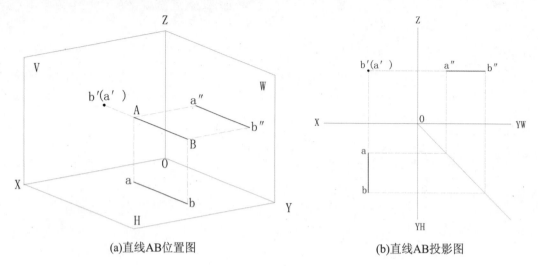

(a)直线AB位置图　　　　　　　　　(b)直线AB投影图

图 3-18　直线AB垂直于V面

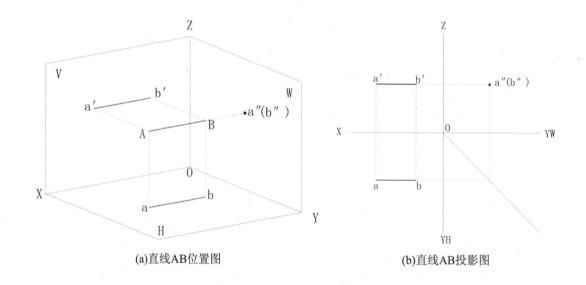

(a)直线AB位置图　　　　　　　　　(b)直线AB投影图

图 3-19　直线AB垂直于W面

投影特征：直线在其所垂直的投影面上的投影积聚成一点。直线在另外两个投影面上的投影分别垂直于对应的投影轴，并且均反映实长。

(3) 一般位置直线(如图3-20所示)：直线AB与H、V、W三个投影面都倾斜，因此，它在三个投影面上的长度都要变短。

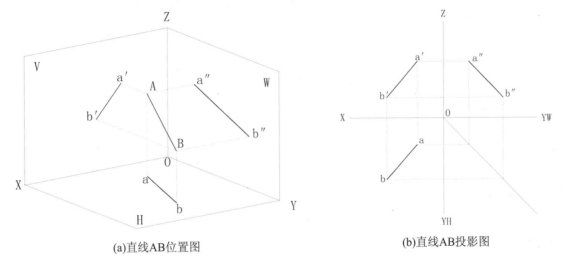

(a)直线AB位置图　　　　　　　(b)直线AB投影图

图3-20　直线AB与H、V、W三个面倾斜

三、平面的投影

平面对一个投影面相对位置有三种情况：平行、垂直、倾斜，如图3-21所示。

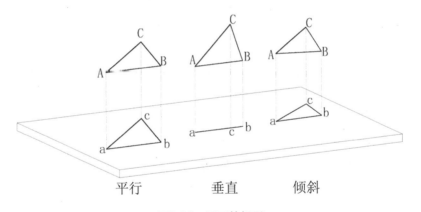

平行　　　　　　垂直　　　　　倾斜

图3-21　平面的投影

平行于一个投影面，并且垂直于另两个投影面的平面，叫做"投影面平行面"。

如果平面内有一根直线，垂直于一个投影面，并且与另外两个投影面倾斜的平面，叫做"投影面垂直面"。

在三个投影面体系中，不平行同时也不垂直于任何一个投影面的平面，叫做"一般位置平面"。

1．投影面平行面

投影面平行面的投影特征如下。

(1) 平面在它所平行的投影面上的投影，反映实形；

(2) 该平面的另外两面投影，各积聚成一条直线，且平行于相应的投影轴，如图3-22所示。

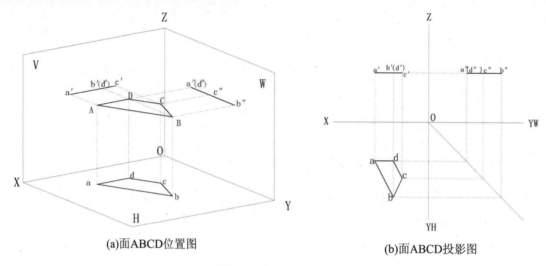

(a)面ABCD位置图 (b)面ABCD投影图

图3-22 投影面平行面

2. 投影面垂直面

投影面垂直面的投影特征如下。

(1) 空间平面在它所垂直的投影面上的投影，积聚成一条直线；

(2) 空间平面在它所不垂直，同时也不平行的投影面上的投影，仍为平面图形，但小于原空间平面图形，如图3-23所示。

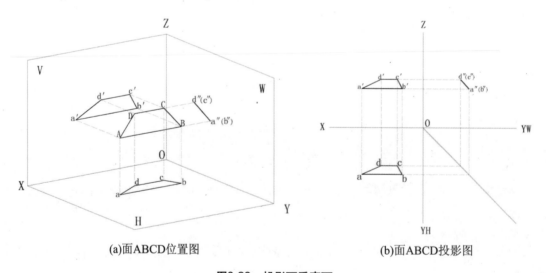

(a)面ABCD位置图 (b)面ABCD投影图

图3-23 投影面垂直面

3. 一般位置平面

一般位置平面的投影特征如下。

(1) 一般位置平面在任一投影面的投影，均不反映该平面的空间实形；

(2) 在任一投影面上的投影，均无积聚性，如图3-24所示。

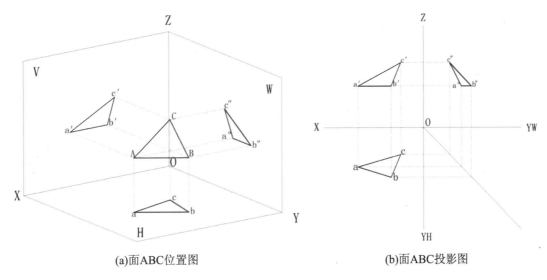

(a)面ABC位置图　　　　　　　　(b)面ABC投影图

图3-24　一般位置平面

第四节　体 的 投 影

根据表面的几何性质，几何体一般分为平面体和曲面体两类。

一、平面体的投影

1．六棱柱的投影

1) 位置摆放

如图3-25所示为一正六棱柱，由上、下两底面(正六边形)和六个等大棱面(长方形)组成。并将其放置成上、下底面与水平投影面H平行，并有两个棱面平行于正投影面V，如图3-26所示。

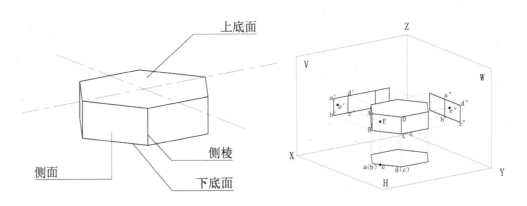

图3-25　六棱柱示意图　　　　　　图3-26　六棱柱位置图

2) 视图特性

上、下两底面均为水平面，它们在H面的水平投影重合并反映实形，而在V面和W面投影积聚为上、下两条直线。

六个棱面中的前、后两个为正平面，其在V面的正面投影反映实形；水平投影H面及侧面投影W面投影积聚成直线；左右两个棱面均为铅垂面，其水平投影均积聚为直线；正面投影和侧面投影均为类似形，如图3-26所示。

3) 作图方法与步骤

(1) 作正六棱柱的对称中心线和底面基线，画出具有形状特征的投影——水平投影。

(2) 根据投影三等关系(长对正、高平齐、宽相等)作出其他两个投影，如图3-27所示。

从图3-26可以看出当棱柱的底面平行某一个投影面时，则棱柱在该投影面上投影的外轮廓为与其底面全等的正多边形，而另外两个投影则由若干个相邻的矩形线框所组成。

4) 棱柱表面上点的投影

如图3-26所示，已知棱柱表面上点E的正面投影e′，求作它的其他两面投影e、e″。

因为棱面ABCD是铅垂面，在H面上的投影有积聚性。因此，在图中自e′做垂线，与ab(c)(d)交于点e(如图3-28所示)，即e点为棱面ABCD上E点的水平投影；再根据e、e′可求出e″。

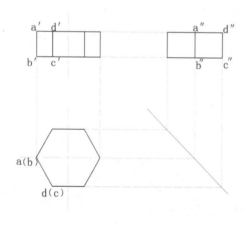

图3-27　六棱柱表面上点的投影图

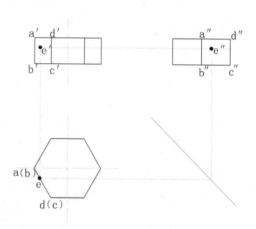

图3-28　六棱柱投影图

2. 棱锥的投影

1) 位置摆放

以正三棱锥为例。如图3-29所示为一正三棱锥，它的表面由一个底面(正三角形ABC)和三个侧棱面(等腰三角形)围成，将其放置成底面△ABC与水平投影面H平行，并有一个棱面垂直于侧投影面，如图3-30所示。

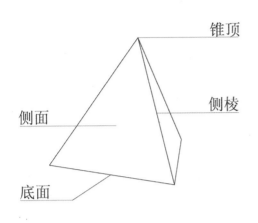

图3-29　三棱锥示意图

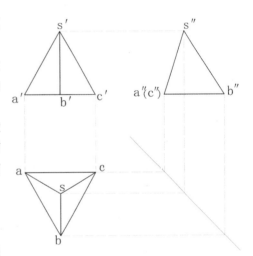

图3-30　三棱锥位置图

2)视图特征

棱线SB为侧平线，棱线SA、SC为一般位置直线，棱线AC为侧垂线，棱线AB、BC为水平线。

由于锥底面△ABC为水平面，所以它的水平投影反映实形，正面投影和侧面投影分别积聚为直线段a′b′c′和a″(c″)b″。棱面△SAC为侧垂面，它的侧面投影积聚为一段斜线s″a″(c″)，正面投影和水平投影为类似形△s′a′c′和△sac，前者为不可见，后者可见。棱面△SAB和△SBC均为一般位置平面，它们的三面投影均为类似形，如图3-31所示。

3) 作图方法与步骤

(1) 作正三棱锥的对称中心线和底面基线，画出底面△ABC水平投影的等边三角形△abc。

图3-31　三棱锥投影图

(2) 根据正三棱锥的高度定出锥顶S的投影位置s′，然后在正面投影和水平投影上用直线连接锥顶与底面4个顶点的投影，即得4条棱线的投影。

(3) 根据投影规律，由正面投影和水平投影作出侧面投影，如图3-31所示。

从图3-30中可以看出当棱锥的底面平行于某一个投影面时，则棱锥在该投影面上投影的外轮廓为与其底面全等的正多边形，而另外两个投影则由若干个相邻的三角形线框所组成。

4) 棱锥表面点的投影

棱锥表面有两个点：E为可见点，F为不可见点。因为点E在△SAB上为可见，△SAB是一般位置平面，通过做辅助线，过点E及锥顶点S作一条直线SD，与底边AB交于点D，即过e′作s′d′，再作出其水平投影sd，如图3-32所示。由于点E属于直线SD，根据点在直线上的从属性质可知e必在sd上，求出水平投影e，再根据e、e′即可求出e″。

如图3-33所示，因为点F不可见，故点F必定在棱面△SAC上。棱面△SAC为侧垂面，它的侧面投影积聚为直线段s″a″(c″)，因此f″必在s″a″(c″)上，由f、f″即可求出f′。

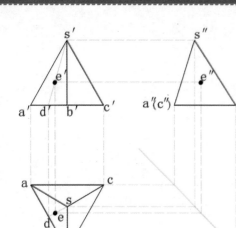

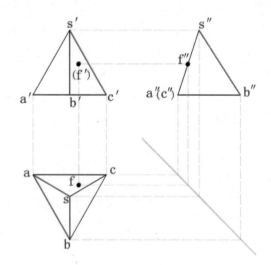

图3-32　三棱锥表面可见点投影图　　　图3-33　三棱锥表面不可见点投影图

二、曲面体的投影

由曲面或曲面与平面围成的体，称为曲面体，如：圆柱、圆锥、球等。

1. 圆柱的投影

1) 位置摆放

圆柱由圆柱面和上顶面、下底面所围成。

如图3-34所示，圆柱面可看作一条母线AA1围绕与它平行的轴线OO1回转而成。AA1叫做母线，圆柱面上任意一条平行于轴线的直线，称为素线。并且为了方便作图，一般将它的轴线垂直于某个投影面，如图3-35所示。

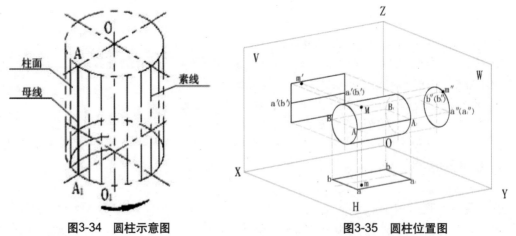

图3-34　圆柱示意图　　　　　　图3-35　圆柱位置图

2) 视图特征

圆柱顶面、底面的投影，在其平行的投影面上的投影重合成一个圆，而在另外两个投影面上的投影，积聚成直线。

圆柱面的投影，在所垂直的投影面上的投影积聚成圆，而在另外两个投影面上的投影为反映圆外形的矩形。

3) 作图方法与步骤

(1) 作侧面投影的中心线和轴线的正面投影和水平投影(点划线)。

(2) 作侧面投影的圆形。

(3) 根据圆柱的高度，按投影规律(长对正、高平齐、宽相等)，作出正面投影和水平投影，如图3-36所示。

从图3-35中可以看出当圆柱的轴线垂直某一个投影面时，必有一个投影为圆形，另外两个投影为全等的矩形。

4) 圆柱表面上点的投影

如图3-35所示，已知圆柱面上点M的正面投影m′，求作点m和m″。

因为圆柱面的侧面投影积聚成一个圆，因而圆柱面上的M点其侧面投影m一定在圆柱面的侧面投影圆周上。又因为m′可见，因此由m′和m，可求得m″，如图3-37所示。

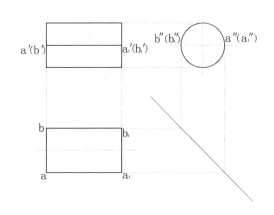

图3-36 圆柱投影图

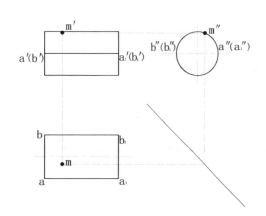

图3-37 圆柱表面上点的投影图

2. 圆锥的投影

圆锥表面由圆锥面和底面所围成。

圆锥面可看作是一条直母线SA围绕与它相交的轴线SO回转而成。在圆锥面上通过锥顶的任一直线称为圆锥面的素线。母线上任意一点M随母线旋转的轨迹均是圆，这些圆被称为纬圆，如图3-38所示。

1) 位置摆放与视图特征

如图3-39所示圆锥的轴线是铅垂线且垂直于H面，底面是水平面且平行于H面。圆锥的水平投影为一个圆，反映底面的实形，而在另外两个投影面上的投影积聚成直线。圆锥的正面、侧面投影均为等腰三角形，其底边均为圆锥底面的积聚投影。正面投影中三角形的两腰s′a′、s′b′分别表示圆锥面最左、最右轮廓素线

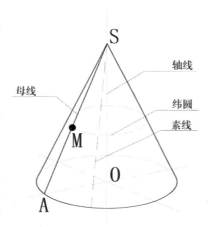

图3-38 圆锥示意图

SA、SB的投影，他们是圆锥面正面投影可见与不可见的分界线。

2) 作图方法与步骤

(1) 作水平投影的中心线和轴线的正面投影和水平投影。

(2) 作水平投影的圆形。

(3) 根据圆锥的高度定出锥顶S的投影位置，然后根据投影规律(长对正、高平齐、宽相等)，作出正面投影和水平投影，其投影图如图3-40所示。

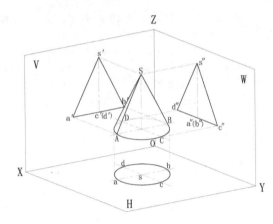

图3-39　圆锥位置图

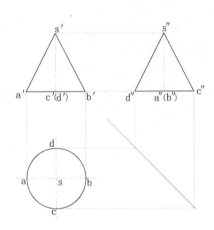

图3-40　圆锥投影图

从图3-40中可以看出，当圆锥的轴线垂直某一个投影面时，则圆锥在该投影面上的投影为与其底面全等的圆形，另外两个投影为全等的等腰三角形。

3) 圆锥表面上点的投影

方法一：如图3-41(a)所示，过锥顶S和点M作一直线SA，与底面交于点A。点M的各个投影必在此SA的相应投影上。在图3-41(b)中过m′作s′a′，然后求出其水平投影sa。由于点M在直线SA上，根据点在直线上的从属性质可知m必在sa上，求出水平投影m，再根据m、m′可求出m″。

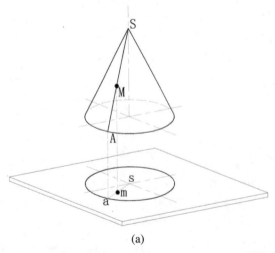

(a)

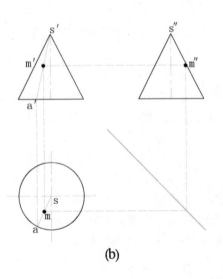

(b)

图3-41

方法二：如图3-42(a)所示，过圆锥面上点M作一个垂直于圆锥轴线的辅助圆，点M的各个投影必在此辅助圆的相应投影上。在图3-42(b)中过m′作水平线a′b′，此为辅助圆的正面投影积聚线。辅助圆的水平投影为一直径等于a′b′的圆，圆心为s，由m′向下引垂线与此圆相交，且根据点M的可见性，即可求出m。然后再由m′和m可求出m″。

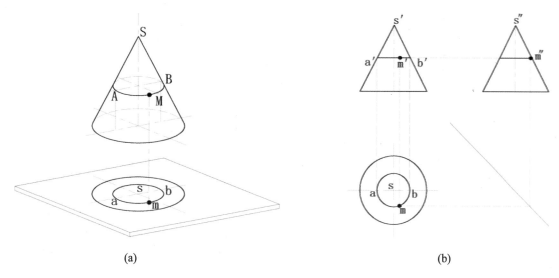

(a)　　　　　　　　　　　(b)

图3-42

3. 球的投影

1) 视图特征

圆球是由球面围成的，球面可看作圆绕其直径为轴线旋转而成，如图3-43所示。

如图3-44所示，圆球在三个投影面上的投影都是直径相等的圆，他们分别是这个球面的三面投影的转向轮廓线。正面投影的圆是前面可见半球与后面不可见半球分界线的投影。与此类似，侧面投影的圆是左半球与右半球分界线的投影；水平投影的圆是平行于H面的上半球与下半球分界线的投影，其投影图如图3-45所示。

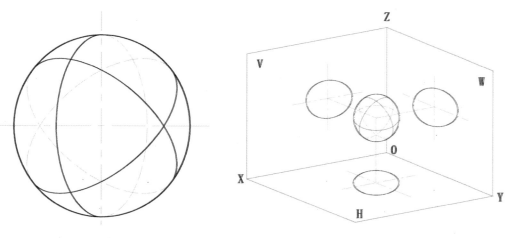

图3-43　圆球示意图　　　　　　　　图3-44　圆球位置图

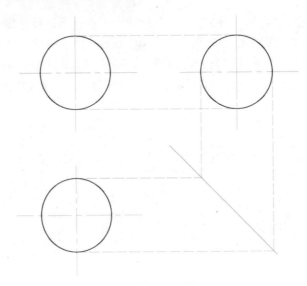

图3-45　圆球投影图

2) 圆球表面上点的投影

如图3-46所示，已知球面上点A的正面投影a′，求作它的水平投影a和侧面投影a″。虽然球的三面投影都没有积聚性，并且球面上也不存在直线，但可以通过球面上的点A做平行于投影面的圆。现在，通过点A作水平圆，实际上这个圆为点A绕球的铅垂轴线旋转而成的。

(1) 通过a′作这个圆的正面投影，按照在正面投影中所显示的这个圆的直径长度，做出反映这个圆实形的水平投影。

(2) 由于a′可见，可由a′在这个圆的前半圆的水平投影上作出a。

(3) 根据a′、a作a″，因为根据a′可判断出，点A位于上半球和左半球上，所以a″是可见的。

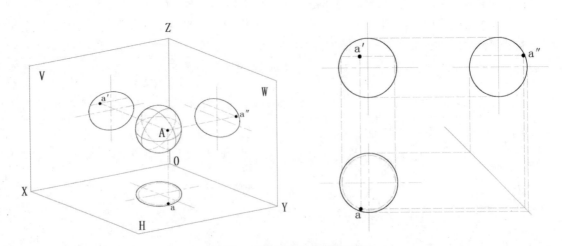

图3-46　圆球表面上点的投影图

三、组合体的投影

由图3-47所示的某高层建筑图可知，建筑是由多个几个形体组合而成的。常见的基本几何体有棱柱、棱锥、圆柱、圆锥、球等。

图 3-47　某高层建筑

1. 组合体的形成方法

组合体的形状一般比较复杂，假设把组合体分解，然后根据分解后的各个平面体、曲面体和他们的相对位置等进行分析，画清各部分的形状特征，这种分析方法称为形体分析法。必须注意的是，对建筑物或构件进行形体分解仅仅是一种假想的方法。需要注意的是，建筑是一个整体，是不可分割的，形体分析法仅是一种假想的分析方法。

组合体的组合方式可以是叠加式、切割式和混合式等多种形式。

1) 叠加式

叠加式组合体是把组合体看成由若干个基本形体叠加而成。如图3-48所示，该组合体是由1、2、3、4四个平面几何体叠加而成。

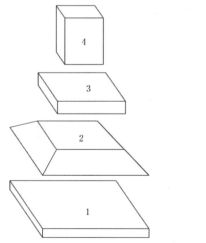
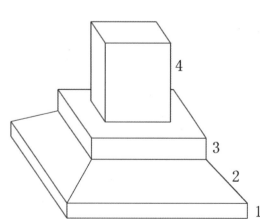

图3-48　叠加式组合体

2) 切割式

有些组合体可以看作是由一个大的基本形体经过若干次切割而成，这种组合体称为切割式组合体，如图3-49所示。

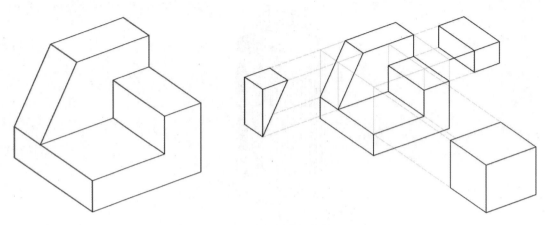

图3-49　切割式组合体

3) 混合式

混合式组合体是把组合体看成由叠加和切割这两种方式组成，如图3-50所示。

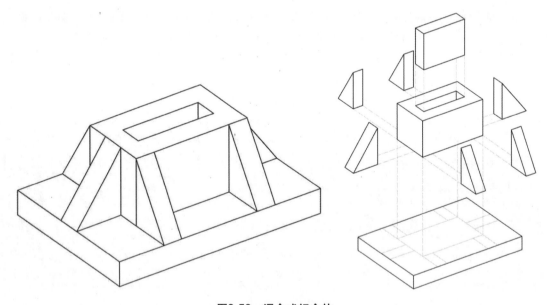

图3-50　混合式组合体

2. 组合体的连接关系

所谓连接关系，就是指基本形体组合成组合体时，各基本形体表面间真实的相互关系。

组合体的表面连接关系主要有两表面平齐、不平齐、相切、相交，如图3-51所示。组合体的表面连接关系不同，投影图的画法也不同。

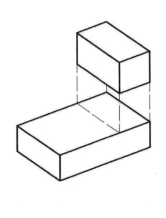
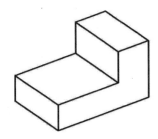
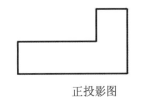

(a)表面平齐，相交处不画线

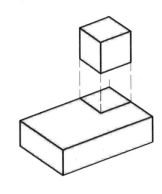
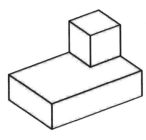
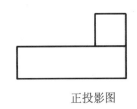

(b)表面不平齐，画线

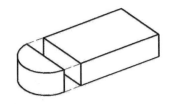
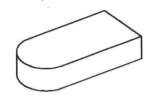

(c)表面相切，相切处不画线

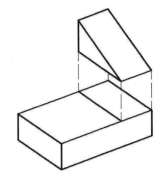
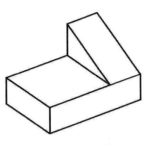
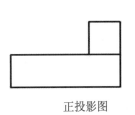

(d)表面相交，相交处画线

图3-51 组合体的表面连接关系

3. 组合体的投影图画法

1) 形体分析

由图3-52可知，此图为切割式组合形式。

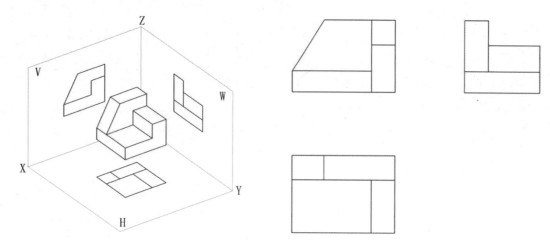

图3-52　组合体的投影图画法

2) 确定位置

根据基础在房屋中的位置，形体应水平放置，使底面平行于水平投影面H，且在三视图中V视图为主视图，将反映物体主要特征的面平行于V面，并尽量保证尽量多的平面与投影面平行或垂直。

3) 确定视图数量

视图的数量要用尽量少的数量把形体表现完整、清晰。该形体的主要形态由正面、顶面、侧面即可体现，因此需要画出V、H、W三面投影。

4. 组合体的尺寸标注

常见几个形体的尺寸标注，一般只标注其长、宽、高或直径即可，如图3-53所示。

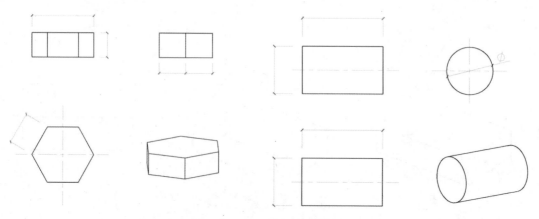

图3-53　常见几何体尺寸标注法

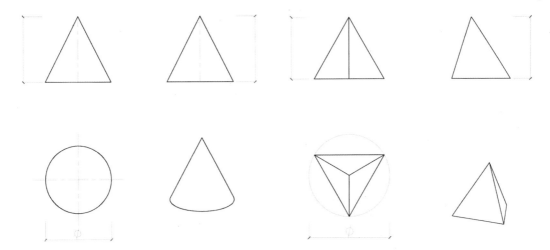

图3-53　常见几何体尺寸标注法(续)

1) 尺寸的种类

(1) 细部尺寸：用于确定组合体中各基本体自身大小的尺寸，如图3-54和图3-55所示。

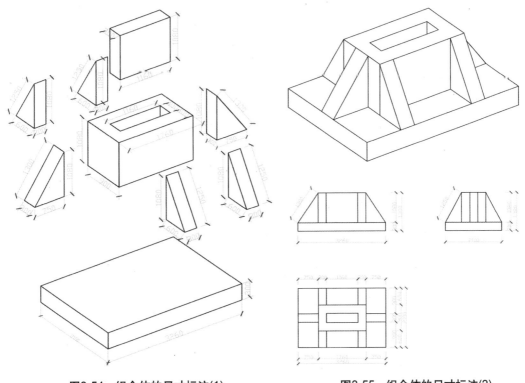

图3-54　组合体的尺寸标注(1)　　　　图3-55　组合体的尺寸标注(2)

(2) 定位尺寸：用于确定组合体中各基本形体之间相互位置的尺寸。

(3) 总体尺寸：确定组合体总长、总宽、总高的外包尺寸。

2) 尺寸标注要求

(1) 组合体尺寸标注前需进行形体分析，弄清反映在投影图上的有哪些基本形体，然后注意这些基本形体的尺寸标注要求，要做到简洁、合理。

(2) 各基本形体之间的定位尺寸一定要先选好定位基准，再行标注，做到心中有数、不遗漏。

(3) 由于组合体形状变化多，定形、定位和总体尺寸有时可以相互兼代。

(4) 组合体各项尺寸一般只标注一次。

3) 尺寸标注中应注意的问题

(1) 尺寸一般应布置在图形外，以免影响图形清晰。

(2) 尺寸排列要注意大尺寸在外、小尺寸在内，并在不出现尺寸重复的前提下，使尺寸构成封闭的尺寸链。

(3) 反映某一形体的尺寸，最好集中标在反映这一基本形体特征轮廓的投影图上。

(4) 两投影图相关的尺寸，应尽量标注在两图之间，以便对照识读。

(5) 尽量不在虚线图形上标注尺寸。

具体标注方式见第4章的"尺寸标注"一节。

本章小结

本章重点在于培养学生的空间想象能力，即从二维平面图想象出三维立体形态，这是工程制图的一个难点。因为在今后进行的艺术设计创作中，需要经常不断地将头脑中想象的图形落实到图面上，再由图面制成立体的形态。所以，学生要在开始学习工程制图时，就培养、训练这种思维方式和绘图技巧，为学习专业设计课打下良好基础。

课后练习

1. 什么是投影？

2. 什么是投影现象？投影法有几种？

3. 正投影法中的点、直线、平面有哪些投影特征？

4. 三视图都有哪些内容？

5. 三视图的对应关系是什么？

6. 画出图3-56的三视图。

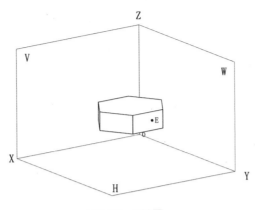

图3-56　题6图

7．简述组合体的形成方法。

8．画出图3-57的三视图，并标注出尺寸。

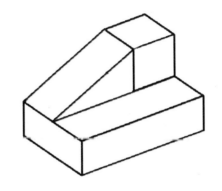

图3-57　题8图

第4章

室内设计制图标准

了解制图基本知识和规范。掌握制图的步骤和方法等基本技能。掌握绘制室内设计工程图的一般规定。

 本章导读

为了保证技术交流的规范性、标准性和准确性，所有工程制图必须严格执行国家、行业及所在国家或所在地区的有关规定。由于目前我国还没有出台室内设计专门的标准，因此，基本上还是沿用2002年3月1日实施的房屋建筑制图统一标准GB/T 50001—2001、建筑制图标准GB/T 50104—2001和1991年8月1日实施的家具制图标准QB1338—1991，并参照一些其他相关专业的标准，如家具、机械、电子等。经过不断的探索和总结，在实际工作中，室内设计工程制图也正在逐步形成一些相约俗成的方法。

按照统一的标准绘图和识图，会减少许多差错和误解，也可以提高工作效率，保证设计质量，促进技术交流。

04

 技能要求

- 能熟练掌握制图相关标准。
- 能够按照要求绘制图纸。
- 掌握制图符号和绘图的方法。

第一节 制图的有关标准规定

一、图纸、图幅

图纸幅面指的是图纸的大小，简称图幅。标准的图纸以A0号图纸841×1189为幅面基准，通过对折共分为5种规格，而其形式又可分为横式、竖式两种，如图4-1和图4-2所示。

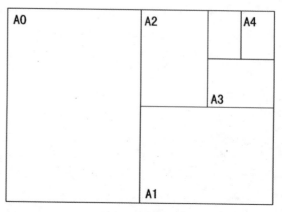

图4-1 幅面规格

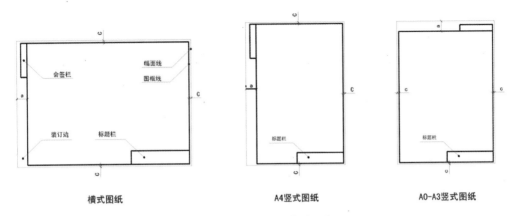

横式图纸   A4竖式图纸   A0-A3竖式图纸

图4-2 横式图纸、竖式图纸

图框是在图纸中限定绘图范围的边界线。图纸的幅面、图框尺寸、格式应符合国家制图标准《房屋建筑制图统一标准GB/T 50001—2001》的有关规定，如表4-1所示。

表4-1 幅面及图框尺寸   mm

尺寸代号 幅面代号	A0	A1	A2	A3	A4
b×l	841×1189	594×841	420×594	297×420	210×297
c		10			5
a			25		

表4-1中b为图幅短边尺寸，1为图幅长边尺寸，a为装订边尺寸，其余三边尺寸为c。图纸以短边作垂直边的称作横式，以短边作水平边的称作立式。一般A0～A3图纸宜横式使用，必要时也可立式使用。一张专业的图纸不适宜用多于两种的幅面，目录及表格所采用的A4幅面不在此限制之列。

注：图纸加长尺寸和微缩复制

(1) 加长尺寸的图纸只允许加长图纸的长边，如图4-3所示。

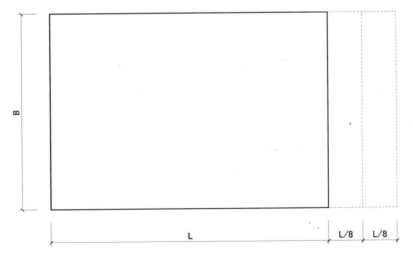

图4-3 图纸加长的方法

(2) 需要微缩复制的图纸，其一个边上应附有一段准确的米制尺寸，4个边上均应附有对中标志米制尺度的总长为100mm、分格应为10mm。对中标志应画在图纸各边长的中点处，线宽应为0.35mm，伸入框内应为5mm，如表4-2所示。

表4-2　图纸长边加长尺寸　　　　　　　　　　　　　　　　　mm

幅面尺寸	长边尺寸	长边加长后尺寸
A0	1189	1486、1635、1783、1932、2080、2230、2378
A1	841	1051、1261、1471、1682、1892、2102
A2	594	743、891、1041、1189、1338、1486、1635
A3	420	630、841、1051、1261、1471、1682、1892

二、标题栏与会签栏

1. 标题栏

在工程制图中，为方便读图及查询相关信息，图纸中一般会配置标题栏，其位置一般位于图纸的右下角，看图方向一般应与标题栏的方向一致。

国家标准(GB/T 10609.1—2008) 对标题栏的基本要求、内容、尺寸与格式都作了明确的规定，相关内容请参照国家标准。《技术制图 标题栏》的国家标准代号为GB/T 10609.1—2008，参照采用国际标准ISO 7200:2004，代替了原国家标准GB/T 10609.1—1989，如表4-3所示。

表4-3　图框线及标题栏的线宽　　　　　　　　　　　　　　　　mm

幅面代号	图框线	标题栏外框线	标题栏分格线
A0、A1	1.4	0.7	0.35
A2、A3、A4	1	0.7	0.35

标题栏应能反映出项目的标识、项目的责任者、查找的编码等，它包括企业名称、项目名称、签字区、图名区、图号区等内容。一般由更改区、签字区、其他区、名称及代号区组成，也可按实际需要增加或减少，如图4-4所示。

● 更改区：一般由更改标记、处数、分区、更改文件号、签名和年月日等组成。
● 签字区：一般由设计、审核、工艺、标准化、批准、签名和年月日组成。
● 其他区：一般由材料标记、阶段标记、重量、比例、共××张第××张组成。
● 名称及代号区：一般由单位名称、图样名称和图样代号等组成。

2. 会签栏

会签栏是建筑图纸上用来表明信息的一种标签栏，其尺寸应为100mm×20mm，栏内应填写会签人员所代表的专业、姓名、日期(年、月、日)；一个会签栏不够时，可以另加一个，两个会签栏应该并列，不需要会签的图纸可以不设会签栏。

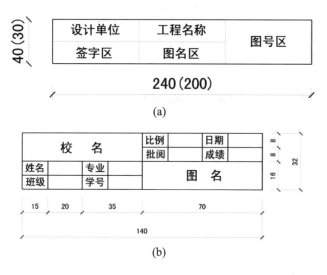

图4-4　标题栏

三、比例

图样表现在图纸上应当按照比例绘制，比例能够在图幅上真实地体现物体的实际尺寸。比例的符号为"："，比例应以阿拉伯数字表示，如1：1、1：2、1：100等，比例宜注写在图名的右侧，字的基准线应取平；比例的字高宜比图名的字高小一号或二号。图纸的比例针对不同类型有不同的要求，如总平面图的比例一般采用1：500、1：1000、1：2000，同时，不同的比例对图样绘制的深度也有所不同。图样的比例是指图形与实物相对应的线性尺寸之比。如1：50，就是说实物尺寸是图形尺寸的50倍，图形比实物缩小了；又如5：1，就是说实物尺寸是图形尺寸的1/5，图形比实物放大了。《标准》对比例的选用作了规定，其中平面图为1：50、1：100、1：200等；立面图为1：30、1：50等；详图为1：1、1：2、1：4、1：5、1：10、1：20、1：25、1：50等，如表4-4和图4-5所示。

表4-4　绘图所用的比例　　　　　　　　　　　　　　　　　　　　　　mm

常用比例	1：1、1：2、1：5、1：10、1：20、1：50、1：100 1：200、1：500、1：1000、1：2000、1：5000
可用比例	1：3、1：15、1：25、1：30、1：40、1：60、1：150 1：250、1：300、1：400、1：600、1：1500、1：2500

方案图比例可以采用比例尺图示法表达，用于方案图阶段，比例尺文字高度为6.4mm(所有图幅)，字体均为"简宋"。

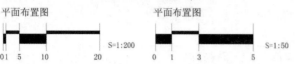

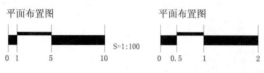

图4-5　比例的标注

四、图线

我们所绘制的工程图样是由图线组成的,为了表达工程图样的不同内容,并能够分清主次,须使用不同线型和线宽的图线。图线是构成图纸的基本元素,《标准》规定图线的线型有实线、虚线、点划线、双点划线、折断线、波浪线等,其中一些线型还分为粗、中、细三种;图线的宽度分为6个系列(分别为b= 0.35、0.5、0.7、1.0、1.4、2.0),中线和细线分别为b/2和b/3,它们分别代表了不同的表述内容,如表4-5所示。

表4-5　线宽比和线宽组　　　　　　　　　　　　　　　　mm

线宽比	线宽组					
b	2.0	1.4	1.0	0.7	0.5	0.35
0.5b	1.0	0.7	0.5	0.35	0.25	0.18
0.25b	0.5	0.35	0.25	0.18		

(1) 每个图样绘制前,应根据复杂程度与比例大小,先确定基本的线宽b,再选用表中相应的线宽组。

如果是微缩的图纸,不宜采用0.18mm及更细的线宽。

同一张图纸内,不同线宽中的细线,可统一采用较细的线宽组的细线。

(2) 图纸的图框线和标题栏线,可采用表4-6中所示的线宽。

表4-6　图框线和标题栏线宽　　　　　　　　　　　　　　mm

幅面代号	图 框 线	标题栏外框线	标题栏分隔线会签栏线
A0、A1	1.4	0.7	0.35
A2、A3、A4	1.0	0.7	0.35

(3) 制图时应注意如下图线的选用。

①相互平行的图线,其间隙不宜小于其中的粗线宽度,且不宜小于0.7mm。

②虚线、单点长划线或双点长划线的线段长度和间隔,宜各自相等。

③单点长划线或双点长划线的两端不应是点,应当是线段。点划线与点划线交接或点划线与其他图线交接时,应是线段交接。

④虚线与虚线交接或虚线与其他图线交接时,应是线段交接。特殊情况下,虚线为实线的延长线时,不得与实线连接。

⑤在较小图形中绘制单点长划线或双点长划线有困难时,可用实线代替。

⑥图线不得与文字、数字或符号重叠、混淆，不可避免时，应首先保证文字等的清晰，断开相应图线，如图4-6所示。

图4-6　图线的画法、图线交接的画法

室内设计工程图中使用的线型如表4-7所示。

表4-7　线型

图线名称		线　型	线　宽	一般用途
实线	粗		b	主要可见轮廓线
	中		0.5b	可见轮廓线
	细		0.25b	可见轮廓线、图例线等
虚线	粗		b	见有关专业制图标准
	中		0.5b	不可见轮廓线
	细		0.25b	不可见轮廓线、图例线等
单点长划线	粗		b	见有关专业制图标准
	中		0.5b	见有关专业制图标准
	细		0.25b	中心线、对称线等
双点长划线	粗		b	见有关专业制图标准
	中		0.5b	见有关专业制图标准
	细		0.25b	假想轮廓线、成型前原始轮廓线
折断线			0.25b	断开界线
波浪线			0.25b	断开界线

五、字体

在绘制设计图和设计草图时，除了要选用各种线型来绘出物体，还要用最直观的文字把它表达出来，表明其位置、大小以及说明施工技术要求。文字与数字，包括各种符号的注写是工程图的重要组成部分，因此，对于表达清楚的施工图和设计图来说，适合的线条质量，加上漂亮的注字是必需的。

(1) 文字的高度，选用3.5、5、7、10、14、20mm，如表4-8所示。

表4-8　长仿宋体字高宽关系　　　　　　　　　　　mm

字　高	20	14	10	7	5	3.5
字　宽	14	10	7	5	3.5	2.5

(2) 图样及说明中的汉字，宜采用长仿宋体，也可以采用其他字体，但要容易辨认。

(3) 汉字的字高应不小于3.5mm，手写汉字的字高一般不小于5mm。

(4) 字母和数字的字高不应小于2.5mm，与汉字并列书写时其字高可小一至二号。

(5) 拉丁字母中的I、O、Z，为了避免与同图纸上的1、0和2相混淆，不得用于轴线编号。

(6) 分数、百分数和比例数的注写，应采用阿拉伯数字和数字符号，例如：四分之一、百分之二十五和一比二十应分别写成1/4、25%和1∶20。

字体范例如图4-7所示。

室内设计工程图平面图立面图剖面图上下左右前后教室
抽屉顶面设计图图线型赤橙黄绿青蓝紫建筑设计基础空
间设计卯榫结构家具数字马上播放识图工具服务美丽变

(a) 长仿宋体

ABCDEFGHIJKLMN
OPQRSTUVWXYZ
abcdefghijklmn
opqrstuvwxyz

(b) 汉语拼音字母、英文字母和希腊字母

图4-7　字体范例

(c)阿拉伯数字

图4-7 字体范例(续)

六、尺寸标注

1. 尺寸的组成要素

尺寸标注由尺寸线、尺寸界线、尺寸起止符号、尺寸数字组成，如图4-8所示。

(1) 尺寸线：应用细实线绘制，一般应与被注长度平行。图样本身任何图线不得用作尺寸线。

(2) 尺寸界线：也用细实线绘制，与被注长度垂直，其一端应离开图样轮廓线不小于2mm，另一端宜超出尺寸线2~3mm。必要时图样轮廓线可用作尺寸界线。

(3) 尺寸起止符号：一般用中粗斜短线绘制，其倾斜方向应与尺寸界线成顺时针45°角，长度宜为2~3 mm。

(4) 尺寸数字：图样上的尺寸应以数字为准，不得从图上直接取量。

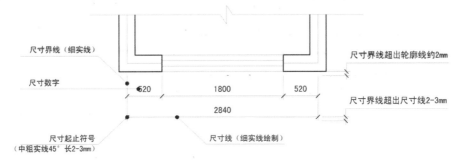

图4-8 尺寸的组成

2. 尺寸数字的注写方向

尺寸数字宜注写在尺寸线读数上方的中部，如果相邻的尺寸数字注写位置不够，可错开或引出注写。竖直方向的尺寸数字，注意应由下往上注写在尺寸线的左方中部，如图4-9所示。

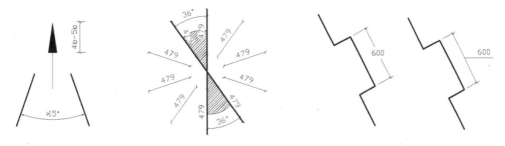

图4-9 箭头尺寸起止符号、尺寸数字的注写方向

3. 尺寸排列与布置的基本规定

(1) 尺寸宜标注在图样轮廓线以外，不宜与图线、文字及符号等相交，有时图样轮廓线也可用作尺寸界限。

(2) 互相平行的尺寸线的排列，宜从图样轮廓线向外，先小尺寸和分尺寸，后大尺寸和总尺寸。

(3) 第一层尺寸线距图样最外轮廓线之间的距离不宜小于10mm。平行排列的尺寸线的间距，宜为7～10mm，并应保持一致。

(4) 几层的尺寸线总长度应一致。

(5) 尺寸线应与被注长度平行，两端不宜超出尺寸界线，如图4-10所示。

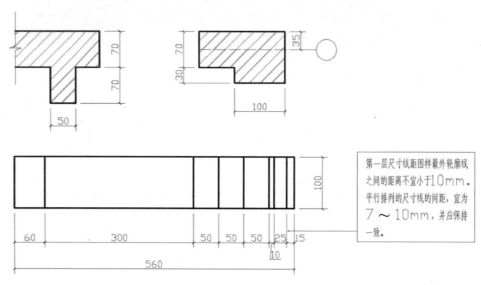

图4-10 尺寸排列与布置

4. 半径、直径、球的尺寸标注法

(1) 半径：应一端从圆心开始，另一端画箭头指向圆弧。半径数字前应加注半径符号"R"，如图4-11所示。

(2) 直径：直径数字前应加注符号"φ"，在圆内标注的直径尺寸线应通过圆心，较小圆的直径可以标注在圆外，如图4-12所示。

(3) 球：标注球的半径时，应在尺寸数字前加注符号"SR"。标注球的直径尺寸时，应在尺寸数字前加注符号"S"。

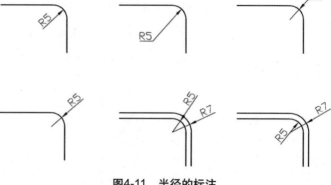

图4-11 半径的标注

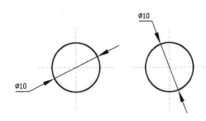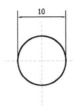

图4-12　直径的标注

5. 角度、弧长、弦长的尺寸标注

角度、弧长、弦长的尺寸标注，如图4-13所示。

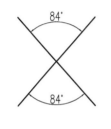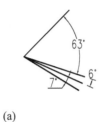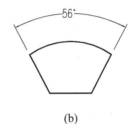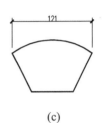

(a)　　　　　　　　　　　(b)　　　　　　　　　　(c)

图4-13　角度、弧长、弦长的标注

6. 薄板厚度、正方形、坡度、非圆曲线等尺寸标注

薄板厚度、正方形、坡度、非圆曲线等尺寸标注，如图4-14所示。

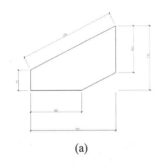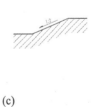

(a)　　　　　　　　　　　(b)　　　　　　　　　　(c)

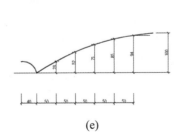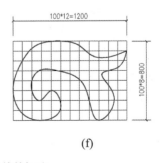

(d)　　　　　　　　　　　(e)　　　　　　　　　　(f)

图4-14　薄板厚度、正方形、坡度、非圆曲线的标注

7. 简化尺寸标注

简化尺寸标注如图4-15所示。

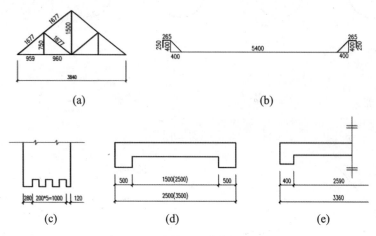

(a) (b)

(c) (d) (e)

图4-15 简化尺寸的标注

8. 尺寸标注的深度设置

工程图样的设计制图应在不同阶段和不同比例绘制时，均对尺寸标注的详细程度做出不同的要求。这里我们主要依据建筑制图标准中的"三道尺寸"进行标注，主要包括外墙门窗洞口尺寸、轴线间尺寸、建筑外包总尺寸，如图4-16所示。

(1) 尺寸标注的深度设置在底层平面中是必不可少的，当平面形状较复杂时，还应当增加分段尺寸。

(2) 在其他各层平面中，外包总尺寸可省略或标志轴线间总尺寸。

(3) 无论在哪层标注，均应注意以下几点，才能使图样明确、清晰。

①门窗洞口尺寸与轴线间尺寸要分别在两行上各自标注，宁可留空也不可混注在一行上。

②门窗洞口尺寸也不要与其他实体的尺寸混行标注。

③当上下或左右两

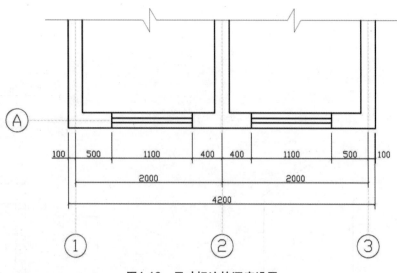

图4-16 尺寸标注的深度设置

道外墙的开间及洞口尺寸相同时，可只标注上或下(左或右)一面尺寸及轴线号即可。

第二节 制 图 符 号

一、剖切符号

1. 剖面图的概念

剖面图即剖视图中用以表示剖切面剖切位置的图线，剖切符号用粗实线表示。在标注剖切符号时，应同时注上编号，剖面图的名称都用其编号来命名，如1—1剖面图，2—2剖面图。

2. 剖切符号的使用应符合下列规定

(1) 剖切符号应由剖切位置线及投影方向线组成，用粗实线绘制，剖切位置线长6～10mm，方向线长4～6mm，如图4-17所示。

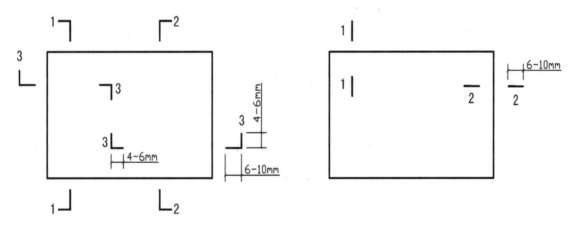

图4-17 剖切符号的画法

(2) 剖切符号的编号宜采用阿拉伯数字。

(3) 需要转折的剖切位置线，应在转角的外侧加注与该符号相同的编号。

(4) 建筑物剖面图的剖切符号宜注写在正负0.000标高的平面图上。

(5) 断面的剖切符号应该用剖切位置线来表示，并应以粗实线绘制，长度为6～10mm。

(6) 剖面图或断面图，如与被剖切图样不在同一张图内，可在剖切位置线的另一侧注明其所在图纸的编号，也可以在图上集中说明，比如"建施—6"。

在平面图中标识好剖切符号后，要在绘制剖面图下方标明相对应的剖面图名称，如图4-18所示。

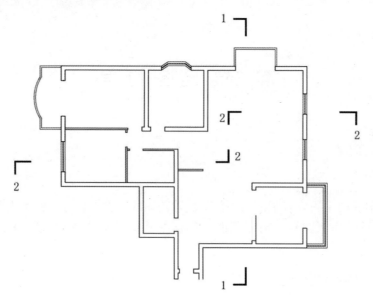

图4-18　平面图中的剖切符号

二、索引符号

1. 相关概念

在工程图样的平、立、剖面图中，由于采用比例较小，对于工程物体的很多细部(如窗台、楼地面层等)和构配件(如栏杆扶手、门窗、各种装饰等)的构造、尺寸、材料、做法等无法表示清楚，因此为了施工的需要，常将这些在平、立、剖面图上表达不出的地方用较大比例绘制出图样，这些图样称为详图。

详图可以是平、立、剖面图中的某一局部放大图(大样图)，也可以是某一断面、某一建筑的节点图。

为了在图面中清楚地对这些详图编号，需要在图纸中清晰、有条理地标识出详图的索引符号和详图符号。详图索引符号的圆及直径均应以细实线绘制，圆的直径应为10mm，如图4-19所示。

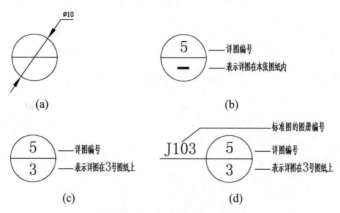

图4-19　详图索引符号

2. 索引符号的应用

索引符号的应用要符合下列规定。

(1) 索引出的详图，如与被索引的详图同在一张图纸内，应在索引符号的上半圆内用阿拉伯数字注明该详图的编号，并在下半圆中间画一段水平粗实线。

(2) 索引出的详图，如与被索引的详图不在同一张图纸内，应在索引符号的上半圆中用阿拉伯数字注明该详图的编号，并在下半圆中用阿拉伯数字注明该详图所在图纸的编号。数字较多时可加文字标注。

(3) 索引出的详图，如采用标准图，应在索引符号水平直径的延长线上加注该标准图册的编号。

(4) 索引符号如用于索引剖视详图，应在被剖切的部位绘制剖切位置线，并用引出线引出索引符号，引出线所在的一侧应为投射方向，剖切位置线为10mm。索引符号的编写应符合上述规定，在室内装饰施工图中也会使用到扩展形式，如图4-20所示。

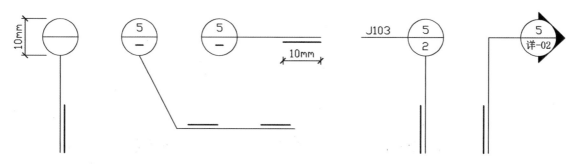

图4-20　索引剖视详图符号

(5) 零件、钢筋、杆件、设备等的编号，以直径4~6mm的细实线圆表示，其编号应用阿拉伯数字按顺序编写，如图4-21所示。

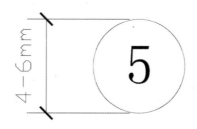

图4-21　零件、钢筋、杆件、设备等的编号

三、详图符号

被索引详图的位置和编号，应以详图符号表示。圆用粗实线绘制，直径为14mm，圆内横线用细实线绘制。详图应按下列规定编号。

(1) 详图与被索引的图样同在一张图纸内时，应在详图符号内用阿拉伯数字注明详图的编号，如图4-22(a)所示。

(2) 详图与被索引的图样不在一张图纸内时，应用细实线在详图符号内画一水平直径，在上半圆中注明详图编号，在下半圆中注明被索引图纸的编号，如图4-22(b)所示。

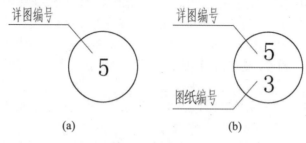

图4-22 详图符号

四、室内立面索引符号

为表示室内立面在平面上的位置，应在平面图中用内视符号注明视点位置、方向及立面的编号，立面索引符号由直径8～12mm的圆构成，以细实线绘制，并以三角形为投影方向共同组成。

圆内直线以细实线绘制，在立面索引符号的上半圆内用大写字母标识，下半圆标识图纸所在位置，在实际应用中也可扩展灵活使用，如图4-23所示。

图4-23 室内立面索引符号

五、图标符号

图标符号是用来表示图样的标题编号。

对无法使用索引符号的图样，应在其下方以简单图标符号的形式表达图样的内容，图标符号由两条长短相同的平行直线和图名及比例共同组成。图标符号上面的水平线为粗实线，下面的水平线为细实线，如图4-24所示。

- 粗实线的宽度分别为1.5mm(A0、A1、A2)和1mm(A3、A4)；
- 两线间距分别是1.5mm(A0、A1、A2)和1mm(A3、A4)；
- 粗实线的上方是图名，右部为比例；
- 图名的文字设置为6mm(A0、A1、A2)和5mm(A3、A4)；
- 比例数字为4mm(A0、A1、A2)和3mm(A3、A4)。

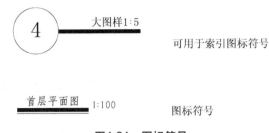

图4-24 图标符号

六、定位轴线

确定房屋中的墙、柱、梁和屋架等主要承重构件位置的基准线，叫定位轴线。它使房屋的平面划分及构配件统一并趋于简单，是结构计算、施工放线、测量定位的依据。

在施工图中定位轴线的标识要符合以下规定。

(1) 定位轴线编号的圆圈用细实线绘制，圆圈直径8mm，用在详图中时为10mm。

(2) 轴线编号宜标注在平面图的下方与左侧。

(3) 编号顺序应从左至右用阿拉伯数字编写，从下至上用拉丁字母编写，其中I、O、Z不得用作轴线编号，以免与数字1、0、2混淆。如字母数量不够，可用A1、B1……，如图4-25所示。

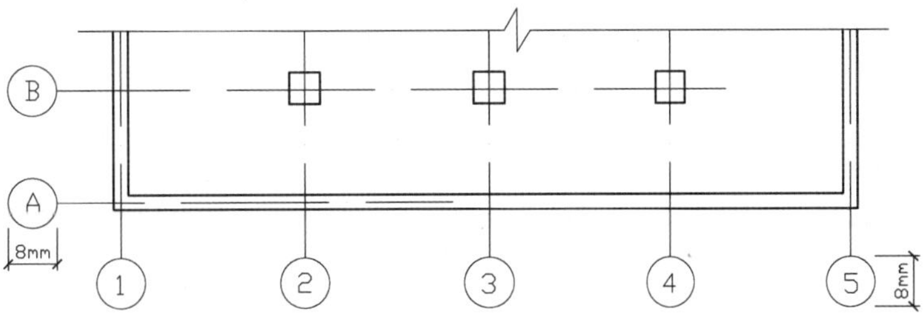

(4) 组合较复杂的平面图中定位轴线也可采用分区编号，编号的注写形式应为"分区号—该分区编号"。

图4-25 定位轴线编号

分区号采用阿拉伯数字或大写拉丁字母表示，如图4-26所示。

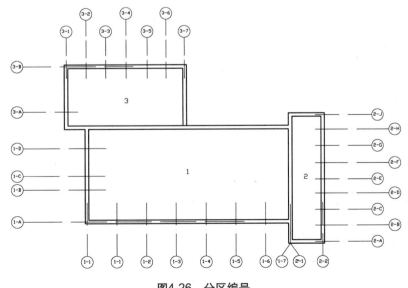

图4-26 分区编号

(5) 若房屋平面形状为折线，定位轴线的编号也可以自左到右、自下到上依次编写，如图4-27所示。

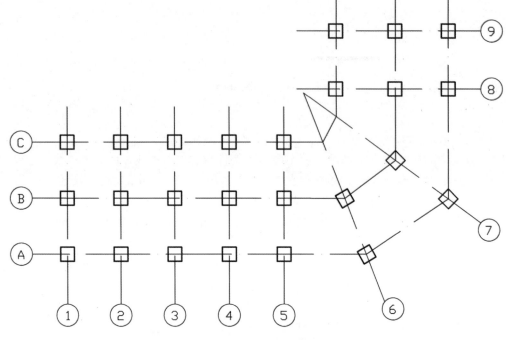

图4-27　折线定位轴线编号

(6) 圆形平面图中定位轴线的编号，其径向轴线宜用阿拉伯数字表示，从左下角开始，按逆时针方向编写，如图4-28所示。

(7) 对某些非承重构件和次要的局部承重构件等，其定位轴线一般作为附加轴线，如图4-29所示。

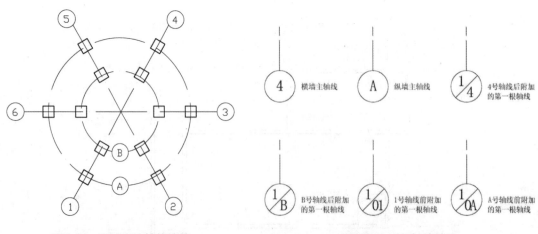

图4-28　圆形定位轴线编号　　　　　　　　图4-29　附加轴线编号

(8) 一个详图适用于几根轴线时，应同时注明各有关轴线的编号，如图4-30所示。

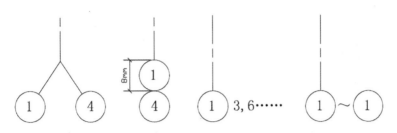

图4-30 详图的轴线编号

七、引出线

引出线用细实线绘制，宜采用水平方向的直线，与水平方向呈30°、45°、60°、90°的直线，或经上述角度再折为水平线。

文字说明宜注写在水平线的上方，也可写在端部。索引详图的引出线，应与水平直径线相连接。同时引出几个相同部分的引出线，宜互相平行，也可以画成集中于一点的放射线，如图4-31所示。

多层构造或多层管道共用引出线：应通过被引出的各层，说明文字顺序由上至下，并应与被说明的层相一致；如果层次为横向顺序，则由上至下的说明顺序应与左至右的层次一致，如图4-32所示。

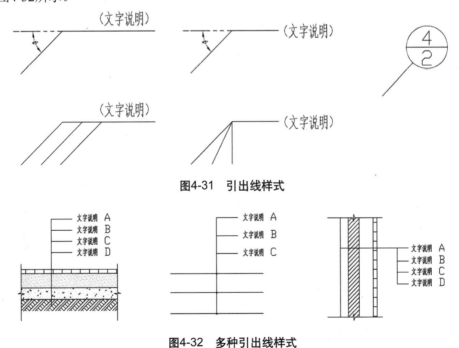

图4-31 引出线样式

图4-32 多种引出线样式

八、标高

室内及工程实体的标高。标高符号应以等腰直角三角形表示，用细实线绘制，一般以室内一层地面高度为标高的相对零点，低于该点时前面要标上负号，高于该点时不加任何负号。

需要注意的是：相对标高以米为单位，标注到小数点后三位，如图4-33所示。

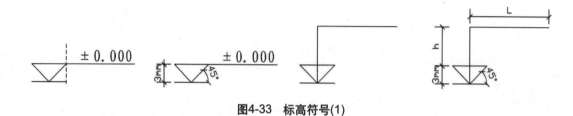

图4-33　标高符号(1)

标高符号的尖端应指至被标注高度的位置。尖端一般应向下，也可向上。标高数字应注写在标高符号的左侧或右侧。在同一位置需表示几个不同标高时，可按图4-34所示标注。

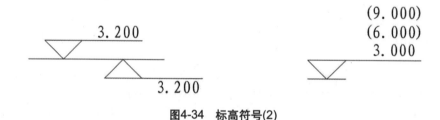

图4-34　标高符号(2)

九、其他制图符号

除了以上几种外，还有一些大家熟知的制图符号，如图4-35所示。

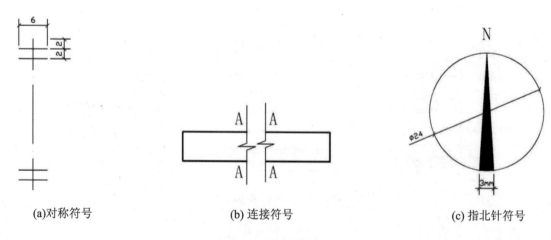

(a)对称符号　　　　(b) 连接符号　　　　(c) 指北针符号

图4-35　其他制图符号

(d)坡度符号：立面坡度符号和平面坡度符号

图4-35 其他制图符号(续)

注意，视图基本画法中容易出现以下错误。

(1) 尺寸标注矛盾：在各施工图纸中相同部位的尺寸标注不同。

(2) 剖视方向错误：剖视的方向与剖切符号标识的不同。

(3) 有图无号、有号无图：在平、立、剖面施工图中有索引符号，但在详图中没有此项内容，或者是在平、立、剖面施工图中没有索引符号。

(4) 材料标注矛盾：在各施工图中对同一材料标注不统一。

(5) 图纸编排错误：图纸编排顺序混乱，图纸号与索引号对不上，图面内容与图框标题不符。

(6) 数字、文字、符号、线宽的比例设置不当：没有按照规定的大小、粗细和标识方法设置。

(7) 比例设置不当：对不同尺度的制图对象(详图)比例设置不当。

本章小结

在设计行业里，工程制图作为一种"设计语言"方便了人们之间的沟通、交流以及技术信息的传达，是世界范围内通用的"工程技术语言"。因此，掌握工程制图的制图标准是关键，以为将来施工图的具体绘制打下坚实基础。

课后习题

1．图纸图幅都有哪几种？

2．详图符号有哪几种形式？

3．简述标高符号的具体画法及种类。

第 5 章

室内工程制图

学习要点及目标

了解室内装饰工程图的内容。掌握制图中的制图步骤和方法等基本技能。能够看懂图纸并能独立绘制施工图。

 本章导读

室内设计表现内容中的平面图、顶面图、立面图和详图即室内装饰施工图，是设计者进行室内设计表达的深化阶段及最终阶段，更是指导室内装饰施工的重要依据。

室内装饰施工图属于建筑装饰设计范畴，了解和掌握室内装饰施工图的线形设置，不仅是绘制图纸的需要，也是看懂别人图纸的前提。

第一节　室内平面图

一、基本知识

室内设计图纸是表述设计构思，指导生产的重要技术文件。根据室内设计的特点，室内设计图纸一般包括平面配置图、天花平面图、装修平面图、单元大样图、立面展开图、剖面图、节点详图、产品配套图表、设计表现图等内容。

室内设计表现内容中的平面图、顶面图、立面图和详图即室内装饰施工图，是设计者进行室内设计表达的深化阶段及最终阶段，更是指导室内装饰施工的重要依据。

室内装饰施工图属于建筑装饰设计范畴，在图样标题栏的图别中简称"装施"或"饰施"。

装饰平面图包括平面布置图和天花平面图。

二、平面布置图

平面布置图实际上是房屋的水平剖面图(除屋顶平面图外)。平面布置是装饰工程的重要工作，它集中体现了建筑平面空间的使用。平面布置图(简称平面图)是在建筑平面图的基础上，侧重于表达各平面空间的布置，对于室内来说一般包括家具、陈设物的平面形状、大小、位置，也包括室内地面装饰材料与做法的表示等；对于室外环境装饰工程来说，主要包括建筑布局、园艺规划、植物的选用、道路的走向、停车场、公共活动空间等。

平面布置图又包括总平面图和局部平面图。如一幢宾馆大楼，它有表示其所建的位置、方向、环境、占地形状及辅助建筑等内容的图纸，这就是其总平面图；其局部平面图则是表示每一层中不同房间、不同功能的图纸。平面布置合理与否，关系到装饰工程的平面空间布置是否得当，能否发挥建筑的功能，有时甚至能适当完善建筑本身的不足。完整、严谨地绘

制平面图，也是设计预想的可行性试验。因为，有时一幅设计预想图(效果图)中表现的各部分感觉很好，但当用严格的尺寸对它们进行计算，逐件"就位"时，就可能存在不合理的地方。所以在绘制平面图时，就能够对预想图所表现的内容，各部分的尺度、方位、空间等，依照人的活动和人机工程学的原理进行可行性的验证。

1. 图示内容

底层平面应标明房屋的平面形状、底层的平面布置情况，即各房间的分隔和组合、房间名称，出入口、门厅、走廊、楼梯等的布置和相互关系，各种门窗的布置，室外台阶、花台，室内外装饰以及明沟和雨水管的布置等。此外，还标明了厕所和盥洗室内固定设施的布置，并且注写了尺寸及标高等，如图5-1所示。

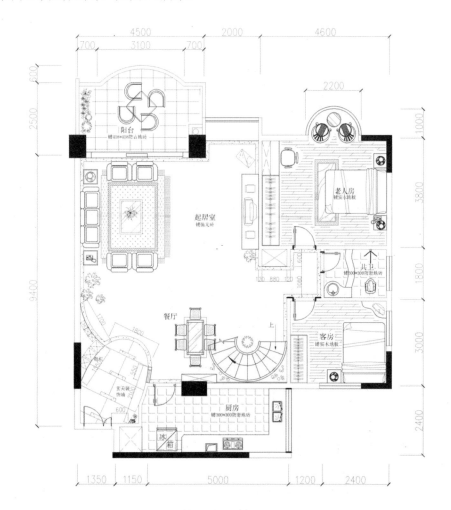

首层平面图1：100

图5-1 室内平面布置图

注意：底层楼梯的画法。

底层的砖墙厚度均为240mm，相当于一块标准砖(240mm×115mm×53mm)的长度。

2. 有关规定和要求

(1) 图线：墙体线要求用粗实线绘制，门窗洞口及建筑构件用中粗实线绘制，家具、地面铺装、尺寸标注、说明等用细实线绘制。

(2) 尺寸注法：在建筑平面图中，所有外墙一般应标注三道尺寸。最内侧的第一道尺寸是外墙的门洞、窗洞的宽度和洞间墙的尺寸；中间第二道尺寸是轴线间距的尺寸；最外侧的第三道尺寸是房屋两端外墙面之间的总尺寸。室内设计工程图中，尺寸标注不多时，可以标为两道。

3. 其他平面图

1) 地面铺装平面图

地面铺装平面图的设计要求如下。

(1) 表达出该部分地坪界面的空间内容及关系。

(2) 表达出地坪材料的规格、材料编号及施工图。

(3) 如果地面有其他埋地式的设备则需要表达出来，如埋地灯、暗藏光源、地插座等。

(4) 如有需要，表达出地坪材料拼花或大样索引号。

(5) 如有需要，表达出地坪装修所需的构造节点索引。

(6) 注明地坪相对标高。

(7) 注明轴号及轴线尺寸。

(8) 地坪如有标高上的落差，需要节点剖切，则表达出剖切的节点索引号。

地面铺装平面图如图5-2所示。

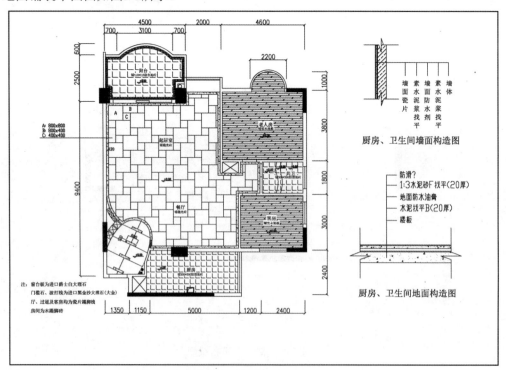

地面铺装平面图1：100

图5-2　地面铺装平面图

2) 局部平面图

具体内容略。

4．平面图的主要内容

(1) 要求轴号、图名、比例、标高、图例说明、索引说明、完成日期正确。

(2) 至少标有总尺寸、轴距尺寸、门窗洞尺寸。

(3) 字体、字高统一，字高要求详见HM-图层线型标准的规定。

(4) 不同的墙体填充，用不同的图案并配有图例。

(5) 不属于设计范围的图纸界面应有明显区别的填充图案，并配图例说明。

(6) 图签填写正确完整。

(7) 图内任何一根线和模块之间的相对尺寸都应为个位数为"0"的尺寸来摆放。

(8) 门的开启方向正确。

(9) 墙面上有特殊用途功能的位置应用指引线标注说明。

(10) 表达出完成面的轮廓线。

(11) 文字图例摆放整齐、图面干净、构图美观大方。

(12) 平面图在立面图中出现大样表示时均应遵守以上要求。

(13) 可根据设计要求在平面图中绘制一些地面拼花。

(14) 如果有壁灯应在平面图中画出来。

三、天花平面图

　　天花平面图主要用来表达室内顶部造型的尺寸及材料、灯具、通风、消防、音响等系统的规格与位置。

　　天花平面图包括综合天花布置图和天花放线图。要注意，在一幢大楼中由于各房间的功能不同，其造型、灯饰、消防、通风的方式及风格也要不同。因为天花是装饰工程竣工后唯一没有任何遮挡的空间位置，它占有的面积又大，所以其设计、施工的效果对装饰工程有着非常大的影响。再有就是吊顶工程往往与供电、供风、供排水等有着必然的联系，所以要特别引起重视。

　　天花平面图一般有以下两种绘制方法。

　　(1) 假想用一剖切平面通过门洞、窗洞的上方将房屋剖开，而后对剖切平面上方的部分作仰视投影。

　　(2) 用上述方法剖切，假想上述的剖切面为一镜面，镜面向上，画出镜面以上的部分映在镜子中的图像。

　　以往必须将上述两种方法所绘不同的图纸注明"仰视"或"镜像"。但是为了使天花平面图与平面布置图在方向上相协调、相对应，更便于识读图纸，现在人们已普遍使用镜像投影画天花图了，也不再注明"镜像"，如图5-3所示。

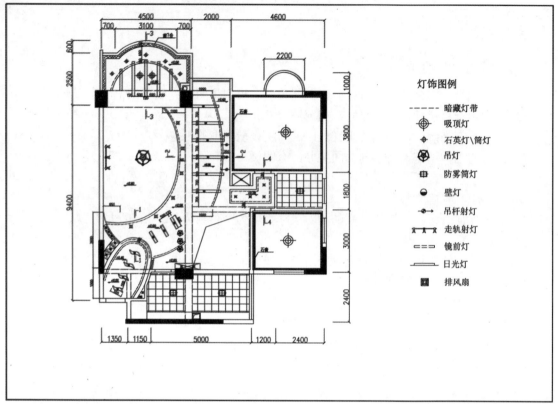

灯饰图例

----- 暗藏灯带

吸顶灯

石英灯\筒灯

吊灯

防雾筒灯

壁灯

吊杆射灯

走轨射灯

镜前灯

日光灯

排风扇

天花平面图1∶100

图5-3　天花平面图

(1) 天花平面图绘制的详细内容如下。

①表达出天花的造型与室内空间的关系。

②表达出灯具灯带，并配图例。

③表达出窗帘、窗帘盒及窗帘轨道。

④表达出门洞、窗洞的位置。

⑤表达出风口、烟感、温感、喷淋、广播、检修口等设备位置，保持图纸美观，整齐，并配图例。

⑥表达出每个空间的中心线(用 "CL" Center Line的简称)。

⑦表达出完成面的标高(并用索引指出)。

⑧表达出材料、颜色、填充图案(并用索引指出)，并配图例。

(2) 绘制天花大样图时均应遵守天花平面图的各项要求。

(3) 表达出天花隐蔽工程的层高与空间的关系(如梁、空调/新风管道、排烟管道、消防管道等)。

(4) 此外，应作出灯位布置图，如图5-4所示。

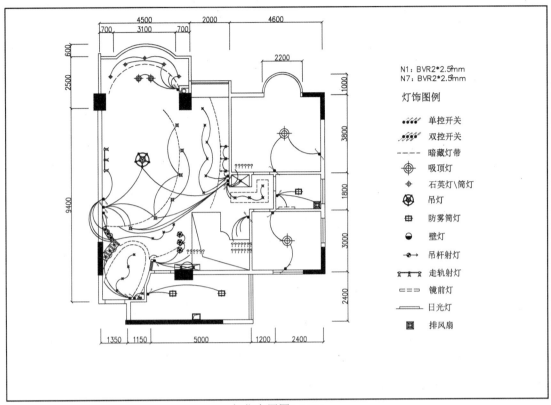

灯位布置图1∶100

图5-4 灯位布置图

第二节 室内立面图

一、概念及命名

1．立面图的概念

装饰立面图一般是指内墙的装饰立面图。它主要用以表示内墙立面的造型、色彩、规格，以及用材、施工工艺、装饰构件等。

室内立面图也称为剖立面图，它的准确定义是在室内设计中，平行于某空间立面方向假设有一个竖直平面从顶至地将该空间剖切后所得到的正投影图。

位于剖切线上的物体均表达出被切的断面图形式(一般为墙体及顶棚、楼板)，位于剖切线后的物体以界立面形式表示。

立面图是表现室内墙面装饰及墙面布置的图样，除了画出固定在墙面上的装修外，还可以画出墙面上可灵活移动的装饰品，以及地面上陈设的家具等设施。它实质是某一方向墙面的正视图。

一般立面图应在平面图中利用视向图标指明装修立面方向。

2. 立面图的命名

对于立面图的命名，平面图中无轴线标注时，可按视向命名，在平面图中标注所视方向，如A立面图，另外也可按平面图中轴线编号命名，如B—D立面图等。

二、立面图的内容

1. 常用表达方法

(1) 依照建筑剖面图的画法，将房屋竖向剖切后所作的正投影图，这种图中有些带有天花的剖面，有些还带有部分家具和陈设等，所以也有人称其为剖立面图。这种图纸的优点是图面比较丰富，有时甚至可以代替陈设的立面图，从而简化了许多图纸，还能让人看出房间内部的全部内容及风格气氛等。它的缺点是，由于表现的东西太多，往往可能会出现主次不清、喧宾夺主的结果，如家具把墙裙挡住等。对于室内墙壁设计比较简洁，或大家能以公认的形式设计的墙面，可以采用这种形式表现立面。

(2) 依人们立于室内向各内墙面观看而作出的正投影图。这种方法不考虑陈设与天花，只是单纯地表现内墙面上所能看到的内容，认为陈设物与墙面没有结构上的必然联系。这种画法的优点是集中表现内墙面，不受陈设等物件的干扰，让人感到洁净、明了。这种方法用于表现较为复杂的内墙装饰更为适合。但是，对于较为简单的内墙装饰，往往感到图面空洞、单调，尤其是在较为简单的内墙设计中，虽然还有一定的陈设、家具要表现，但这种方法只能表现空洞的墙壁，这样，往往让人有浪费图纸、小题大做之感。

装饰立面图，由于有隔墙的关系，各独立空间的立面图必须单独绘制。当然有些图纸也可以相互连续绘制，但必须是在同一个平面上的立面。一般情况下，同一个空间中各个方向的立面图应尽量画在同一张图纸内。有时可以连续地接在一起，像是一条横幅的画面，如同一个人站在房间中央环顾四周一样，是一个连续不断的过程，这样便于墙面风格的比较与对照，可以全面观察室内各墙立面间相互衔接的关系以及相关的装修工艺等。

2. 立面图的绘制

一般情况下，立面图有以下两种绘制方法。

(1) 按照建筑剖面图的画法，分别画出房屋内各墙立面以及相关物件的正投影图。

①所用线条粗细必须与平面布置图相对应。例如，绘制墙线的轮廓线与平面图墙体的轮廓线同粗，室内各物件的线条与平面图同粗等。

②标注尺寸要与平面布置图相对应，特别是有些序号标示一定要准确无误；要标出比例尺；对于需用详图或说明的部位要标出。

③文字说明要选用与平面布置图相同的字体，并集中注写在图外。

④保持图面整洁。

⑤如果墙面没有复杂的造型和墙裙时，可以省略该墙立面图，但需说明该墙面的处理工艺要求。

(2) 站在室内环顾四壁的画法。

①按照建筑施工图找出需要画出的室内各墙立面，并按照装饰平面布置图的位置坐标顺序依次连接室内各墙面。

②再按照建筑施工图所提供的高度及对高度变化有影响的结构，找出其高度的变化。

③根据预想图和天花平面图所表现的天花形状，找出天花的结构、位置及天花的不同方向所表现的不同断面造型，从而定出房屋室内总立面图的形状，找出在室内能够看到的墙壁立面的形状。

④按照准备—草图—绘图的顺序完成立面图的设计。

3．立面图的识读要点

(1) 根据图名和比例，在平面图中找到相应的墙面。明确图名和方向，分别找出其墙面，明确它们的对应关系。

(2) 根据立面图上的造型，分析这些装饰面所选的造型风格、材料特征和施工工艺。

(3) 依照其尺寸，分析各部位的总面积和物件的大小、位置等。一般先看该立面的总面积，即总长度、总宽度，后看各细部的尺寸，明确细部的位置及大小。

(4) 了解所用材料和工艺要求，如画镜线总共需要多长，而每条标准型材的长度如何；在墙面上每条画镜线接口如何处理；踢脚线的宽度是多少，完成后总长度是多少，而每张标准的板材又如何使用等。通过对材料的考虑，也可以分析出选用什么样的工艺手法去实现怎样的效果，如接口、接缝、收口方式等，如图5-5所示。

(5) 检查电源开关、中央空调风口等安装设施

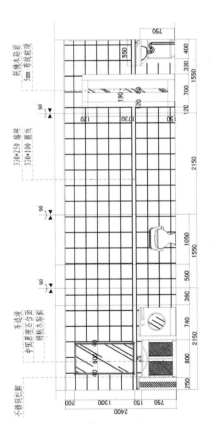

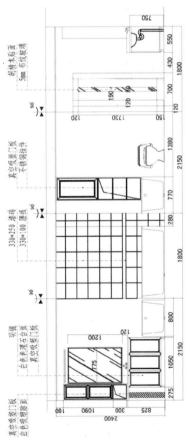

图5-5　立面图

的位置，以便在施工中留出空间，避免改造形成浪费。

　　(6) 可能有些部分需要再有详图表现，这就要注意索引符号，找准详图所在的位置。

　　注意：平面形状曲折的建筑物可绘制展开室内立面图；图形或多边形平面的建筑物，可分段展开绘制室内立面图，但均应在图名后加注"展开"二字。

　　4．常用立面图例

　　1) 立面沙发

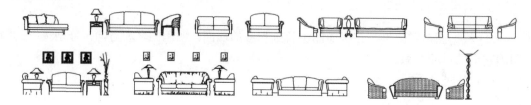

　　2) 立面床

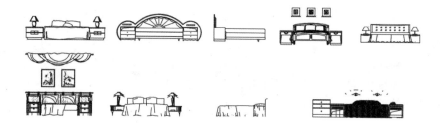

　　3) 立面电视柜

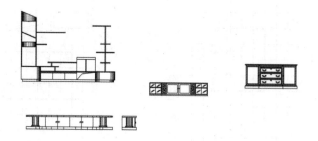

　　4) 立面餐桌

5) 立面衣柜

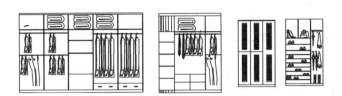

6) 立面洁具

05

7) 立面灯具

8) 立面休闲桌椅

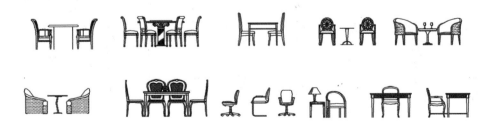

9) 立面电器

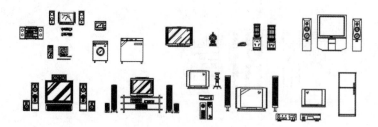

10) 立面植物

11) 立面工艺品

12) 立柱

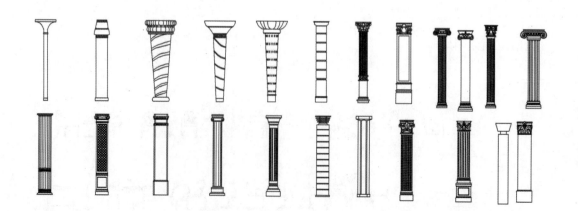

室内立面图常用的比例是1∶50、1∶30，在这个比例范围内，基本可以清晰地表达出室内立面上的形体。

第三节 室内剖面图

剖面图主要用来表示在平面图和立面图中无法表现的各种造型的凹凸关系及尺度、各装饰构件与建筑的连接方式、各不同层面的收口工艺等。一般剖面图有墙身装饰剖面图、天花剖面图及局部剖面图。由于装饰层的厚度较小，因此，常常应用较大的比例绘制，类似于详图，有些就是详图。

墙体装饰剖面图主要表现墙体上装饰部位的剖面图，即横截面图。如房顶墙角阴角装饰线的剖面造型、踢脚线的剖面造型、隔音墙面的剖面造型、门窗边套的剖面造型等。

天花剖面图主要表现天花的凹凸、天花的龙骨与楼板、墙面的连接方式、固定方式等。一般情况下，天花的总剖面图应与天花平面图比例相同，只表现出其总体的凹凸尺度即可。而对于角线、灯槽、窗帘盒等细部，为表达清楚，往往采取局部放大比例的办法，并在被放大的部位用索引符号连贯对应。

为了施工方便，应当尽量用制图语言表达清楚设计造型及细节处理，同时要尽量简化，叙述准确。能压缩的一定要压缩，要注意条理层次清楚即可。

一般情况下，同一项内容的不同位置或不同角度的剖面图要放在同一张图纸上，能让读图者一览无余，尽量方便图与图的对应、比较。避免因为图与图之间的距离太远而不宜对应、比较，造成对应错位的局面，而影响读图效果。

一、一般画法

(1) 选定一个比例，根据剖切位置和剖切角度画出墙面或顶面的建筑基础剖面，并以剖面的图例标出。

(2) 在墙面或顶面剖面上需要装饰的一面，根据施工工艺和材料的特点，依照由内向外的层次顺序，画出所用材料的剖面，并按照由内向外的顺序依次标注清楚。

(3) 根据施工构造要求，把所用材料之间构造起来，有些地方是胶粘连接，有些地方是结构构造。要注意装饰面与墙体之间的连接构造方式，如天花的构造，门、窗口的构造，各种地板的内部构造，隔音墙面的构造，踢脚线的构造，暖气罩的构造等。

(4) 根据比例尺标出尺寸。

(5) 绘制室内剖面图，如图5-6所示。

(6) 在绘图时，应注意以下事项。

①所用线条的粗细要规范、清晰，因为剖面图线条较为集中，经常会出现并置现象，所以更要注意线条的使用。

②标注要准确、清晰；比例尺要特别注意，因为它有可能与其他施工图不同。

③所用材料可以随绘图过程同时标出。

④文字说明与其他图纸相同可以集中书写。

⑤要有准确的图名，并与其他图纸相对应，同时还要标明其索引代号。

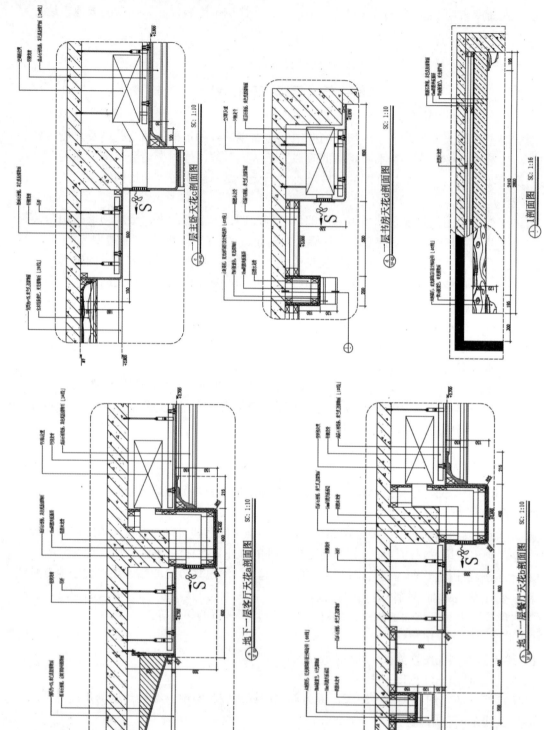

图5-6 剖面图的绘制

二、剖面图的识读要点

(1) 依照图形特点，分清该图形是墙面图还是天花图等，根据索引和图名，找出它的具体位置和相应的投影方向。有了明确的剖切位置和剖切投影方向，对于理解剖面图有着重要的作用。

(2) 对于天花剖面图，可以从吊点、吊筋开始，按照主龙骨、次龙骨、基层板与饰面的顺序识读，分析它们各层次的材料与规格及其连接方式，特别要注意凹凸造型的边缘，灯槽、天花与墙体的连接工艺，各种结构转角收口工艺和细部造型及所用材料的尺寸型号。

(3) 对于墙身剖面图，可以从墙顶角开始，自上而下地对各装饰结构由里到外地识读，分析各层次的材料、规格和构造形式，分析面层的收口工艺与要求，分析各装饰结构之间的连接和固定方式。

(4) 根据比例尺，进一步确定各部位形状的大小，以确定施工、下料。

(5) 对于某些没表达清楚的部位，可以根据索引，找到其对应的局部放大详图。

(6) 对于识读方法及顺序，每人有不同的需要和识图习惯，要依需要和识图习惯而定顺序。

第四节 室内详图

一、室内详图的特点及绘制

详图即详细的施工图，它是在平、立、剖面图都无法表示时所采用的一种比例更为放大的图形。

有时详图也可以用局部剖面图代替，但有时为表示清楚可以从几个不同的方向对所要表现的物件进行投影绘制。

1. 详图的特点

(1) 大于一般图册中其他图纸的比例。
(2) 有一个甚至几个以表示明确为目的、从不同角度绘制的投影图。
(3) 有详尽的尺寸标注和明确的文字说明。
(4) 有准确、严谨的索引符号。

2. 详图的绘制与识读

与其他图纸的绘制与识读方法相同，此处不再赘述。

3. 详图绘制应注意的问题

详图是着重说明某一部分的施工内容及做法的，需要引起特别注意。它表示出与普通造型及常规的做法所不同的部分，如工艺技术、造型特点等。所以，详图为的是引起施工的注意，在绘制详图时也应当特别注意以下几点。

(1) 详图的索引符号应当与详图符号相对应，否则就会造成图纸混乱，分不清图纸间的关系，导致误工。

(2) 注意比例尺，它往往要把图形放大处理，所以比例尺也要随之改变。同一套图纸不同部位的详图，往往比例尺不同。

(3) 为了表示清楚，详图自身有一套完整的规范用线，即其自身要保持图面的完整。当在详图中所用线条粗细用于常规图时，往往不太合适。所以在绘制和识读详图时要特别注意其自身的用线规范，以体现出详图的完整性，如图5-7所示。

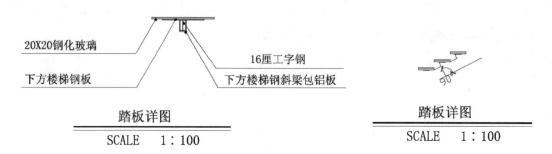

图5-7 详图

详图指局部详细图样，由剖面详图、大样图、节点图和断面图四部分组成。

二、剖面详图

1. 剖面详图的主要表现内容

剖面详图的设计，主要反映出装修细部的材料使用、安装结构、施工工艺和尺寸。

2. 剖面详图要达到的目的

通过对剖面详图的设计和对装修细部的材料使用、安装结构和施工工艺进行分析，做出满足设计要求、符合施工工艺、达到最佳施工经济成本的做法。图纸应能作为控制施工质量、指导施工作业的依据。

3. 剖面详图的绘制依据

绘制剖面详图的依据是建筑装修工程的相关标准、规范、做法和室内设计中要求详尽反映的部位。

4. 剖面详图的绘制

一般来说分别在装修平面图、天花平面图、立面展开图设计时，就对需要进一步详细说明的部位标注索引，详图可以在本图绘制，也可以另图绘制或在标准图表中绘制。

剖面详图有反映安装结构的，它表达的是安装基础—装修结构—装修基层—装修饰面的结构关系，如墙裙板、门套、干挂石墙等；有反映构件之间关系的，它表达的是构件—构件的关系，如石材的对拼、角线的安装等；有反映细部做法的，它表达的是细部的加工做法，如木线的线型、楼梯级嘴的做法等。

为了使剖面详图表达清晰，一般采用1∶1～1∶10的比例绘制。

在室内设计工程制图中，为了更直观地反映物体的造型、结构、安装等关系，经常会用到轴测图。因为它除了能直观地反映物体的形状外，还能反映物体的真实尺寸，符合工程施工和工程交流的需要。

绘制剖面详图必须要熟悉相关的工法、材料、工艺等；掌握施工和生产的过程；培养综合的设计能力；运用标准的、专业的图形符号把图样详尽地、清晰地表达出来。

在绘制剖面详图时，通过深化设计会发现某些做法存在安装技术上的困难或某些尺寸必须加以调整。这时，应追溯到前期的设计图并加以调整。

5．剖面详图的标注

剖面详图的标注，更注重安装尺寸和细部尺寸的标注，是生产和施工的重要依据。它主要是反映大样的构造、工艺尺寸、细部尺寸等，对大样要求的材料、工艺要加以详尽的说明。标注必须清晰、准确，符合读图和施工的顺序；尺寸的标注应充分考虑到现场施工及有关工艺要求。

标注的内容包括：尺寸标注、符号标注、文字标注。

● 尺寸标注：构造尺寸、定位尺寸、结构尺寸、细部尺寸、工艺尺寸等。
● 符号标注：剖面符号、索引符号等。
● 文字标注：标注所有安装材料的名称及规格、施工工艺要求、关键尺寸的控制、安装尺寸的调整等。

三、大样图

大样图是指局部放大比例的图样，其绘制要求如下。

(1) 局部详细的大比例样图。

(2) 注明详细尺寸。

(3) 注明所需的节点剖切索引号。

(4) 注明具体的材料编号及说明。

(5) 注明详图号及比例。比例一般有1∶1、1∶2、1∶5、1∶10四种。

四、节点图

节点图是指反应某局部的施工构造切面图，其绘制要求如下。

(1) 详细表达出被切截面从结构体至面饰层的施工构造连接方法及相互关系。

(2) 表达出紧固件、连接件的具体图形与实际比例尺寸。

(3) 表达出详细的面饰层造型、材料编号及说明。

(4) 表示出各断面构造内的材料图例、编号、说明及工艺要求。

(5) 表达出详细的施工尺寸。

(6) 注明有关施工所需的要求。

(7) 表达出墙体粉刷线及墙体材质图例。

(8) 注明节点详图号及比例。比例一般有1∶1、1∶2、1∶5、1∶10四种。

五、断面图

断面图是指由剖立面、立面图中引出的自上而下贯穿整个剖切线与被剖物体相交得到的图形。室内详图应画出构件间的连接方式，并注全相应的尺寸。断面图的绘制要求如下。

(1) 表达出由顶至地连贯的整个被剖截面造型。

(2) 表达出由结构至表饰层的施工构造方法及连接关系。

(3) 从断面图中引出需要进一步放大表达的节点详图，并标有索引编号。

(4) 表达出结构体、断面构造层及饰面层的材料图例、编号及说明。

(5) 表达出断面图所需的尺寸深度。

(6) 注明有关施工所需的要求。

(7) 注明断面图号及比例。

第五节　室内施工图中常用物品图例

一、装饰材料表

装饰材料表是反映全套施工图设计用材的详细表格(见表5-1)，表中需包含以下内容。

(1) 注明材料类别。

(2) 注明每款材料详细的中文名称，并可以恰当的文字描述其视觉和物理特征。

(3) 有些产品需特注厂家型号、货号及品牌。

表5-1　材料明细表

材料名称	品　牌	单　位	规　格	厂家及产地	单价/元	备　注
细木工板	云顶专用板	张	1220mm×2440mm	海城	120	一等
饰面板	红檀/樱桃	张	1220mm×2440mm	河北	46	一等
石膏板	洛菲尔	张	1000mm×3000mm	沈阳	28	一等
九厘板	白面九厘	张	1220mm×2440mm	河北	65	一等
波音软片	奥奇	卷	1200mm×50000mm	广州	285	一等
实木线条	定制	m	8mm×60mm×2200mm		4.5	一等
木方	特供樟松	根		俄罗斯	5.8	一等
乳胶漆	立邦超易净	桶	18kg	廊坊	560	
油漆	华润95系列	组	1×3	廊坊	298	
水泥	32.5号	袋	50kg	工源	16.5	
原子灰	银河/凤祥	桶	2.7kg	广州/沈阳	45	
腻子粉	优质大白粉	袋	15kg	沈阳	18	
塑钢板	金盾 欧莱雅	m²		广州	38	一级
电线	津成	m	2.5m² 4m²	天津	180	国际
网线	安普	m		深圳		
有线	远大	m		杭州		

续表

材料名称	品 牌	单 位	规 格	厂家及产地	单价/元	备 注
穿线管	大宇	m		沈阳		
阻燃管	云顶专用管	m	2cm		4.5	
给水管	金德	m	2cm、2.5cm	沈阳金德	8.6	
排水管	骄阳管业	m		沈阳		
防水剂	劳亚尔	桶	15kg	沈阳	50	
大力胶	宝斯力	桶	25kg	沈阳	162	
木工胶	大白胶	桶	25kg	北京	70	
地板	依格	m^2	12mm	上海	75	
瓷砖	长城	m^2	300mm×450mm	佛山	52	
橱柜	成品定制	m		沈阳	950	
理石	华讯	m		广州		
门	大福门	樘	9mm	吉林	780	
门五金	卡西特	套	800mm×1900mm	广州	85	
坐便	箭牌/德宝	套	d		699	

二、平、立、剖面图图例表

室内施工图往往需要用到多种材料，在图纸上，除了以文字表示出各种材料外，有时还需要通过填充图案的变化来达到使图纸更加清晰明了的目的。平、立、剖面图图例如图5-8～图5-10所示。

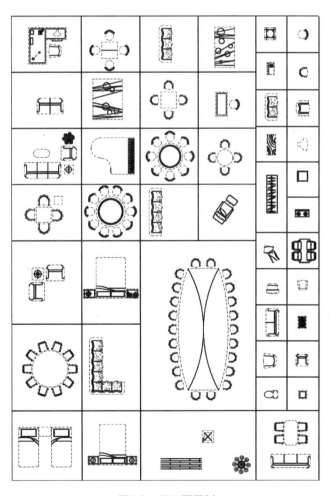

图5-8 平面图图例

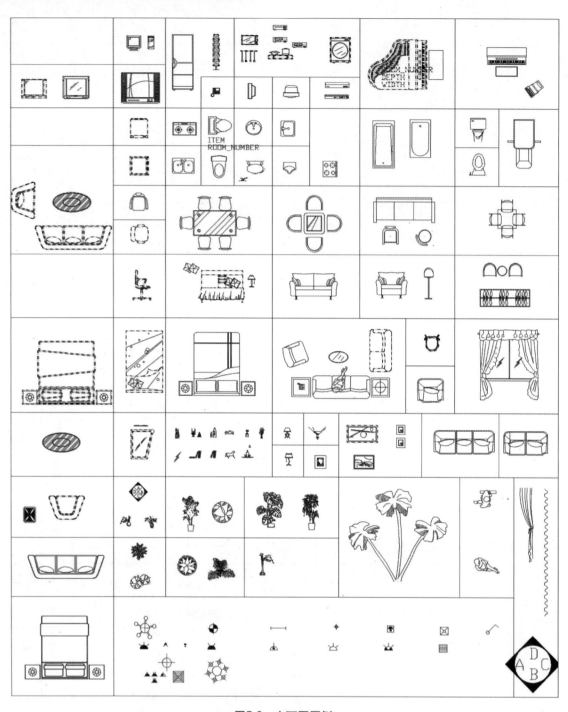

图5-9　立面图图例

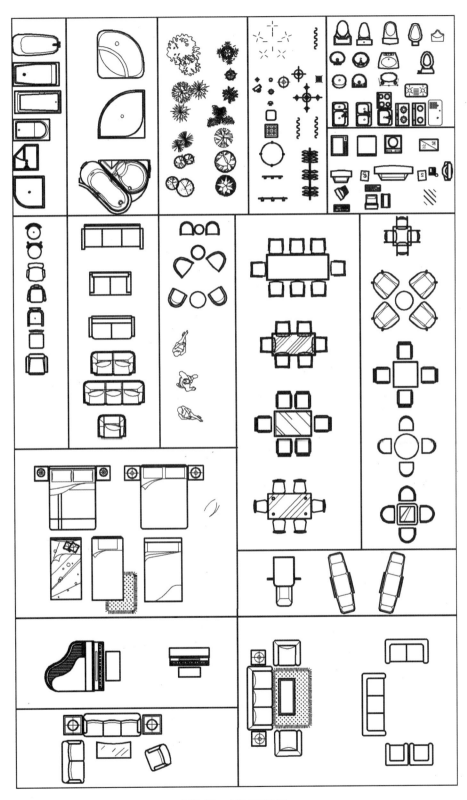

图5-10 剖面图图例

第六节　室内施工图综合分析

在前面几章中，我们讲述了一项室内装饰工程的全套图纸从绘制到识读的过程。但是，要绘制一套完整的建筑装饰施工图或正确识读一套建筑装饰施工图，要求设计者必须了解预想设计的意图；了解建筑所提供的空间形式；必须熟悉各种标示和图例；必须有逻辑性很强的空间想象能力和具有对于建筑空间、建筑功能的理解能力。

绘制一套完整的施工图不只是单纯地绘图、被动地描画，更重要的是要实现、完善设计预想。通过规范的设计语言，传达出完整规范的设计信息，从而实现装饰工程。所以，设计绘制装饰施工图，要做到以下几方面。

一、准确把握建筑空间

(1) 准确把握建筑所提供的需要装饰的空间，特别是建筑内部、外部的净空间，找准建筑的表面形象及其确切尺寸。

(2) 认真把握细部的空间、位置及造型。如：在老房装修中，往往在室内墙面与房顶结合部位凸出房顶阴角处有烟道，在设计时就要对这种细部准确地把握。

(3) 对于室外装饰要特别注意，建筑外观的细微造型变化，如窗口的外形是否有凸出的收口，外墙的陶瓷砖是横用还是竖用等。它们虽然很小但能直接表现出建筑的风格与特征，影响到室外装饰的造型风格与效果。

二、把握建筑功能特征

(1) 了解建筑的性质，分清是民用建筑还是公共建筑、是普通民宅还是高级别墅、是医院还是会堂等。它们的功能决定了空间形式，也决定着装饰风格的施工工艺和所用材料。

(2) 弄清建筑的功能，把握每个空间的不同功能，不同的功能会决定它的用途，不同的用途也对不同空间提出了具体要求。

(3) 掌握空间的合理利用和人在空间中活动的主要线路。如过道、门以及活动空间、私密空间等，它们有着不同的功能要求，因而也涉及不同的设计思路。

三、通过绘制施工图完善设计

(1) 能根据设计预想图的空间感觉和各装饰物的空间位置感觉及其造型特征，绘制出它们确切的位置和造型，用以指导施工。

(2) 根据预想图的设计效果、设计说明和空间气氛，确定所用主要材料、色彩、质地等。如：地面的材料、色彩、施工工艺；墙面的材料、色彩和施工工艺等；踢角线的材料、色彩、表面效果处理等。

(3) 充分理解预想图，纠正预想图中表现的不足。预想图往往是注重效果，让人感觉表现很好，有时一旦经过严格度量、布置、计算之后，发现存在不合理的地方。这就需要在施工图的设计绘制中能尽量予以纠正和完善，使其能够实现合理的设计空间，成为完善的建筑装饰设计。

(4) 能够完善预想图无法表现的部位。因为预想图不可能对室内全部空间进行表现，所以预想图表现的空间位置往往存在很大的"盲区"。对于这些"盲区"，只有通过施工图才能表现，所以，施工图是全方位、完整表现设计预想并把预想付诸实施的基本方式。

四、了解工程造价

(1) 了解资方的经济实力，根据投入情况决定施工材料和工艺，使之切实可行、实事求是。

(2) 了解投资方式，确定施工工艺和工期进程。目前的装饰市场拖欠工程款项的现象或承接施工方投入人力、材料不足的现象时有发生。为了保证客观的工程进度，不造成资方或承接方任何一方的损失，对于大型的装饰工程可以实行分期限施工的方式，逐期施工。这样就对设计提出了新的课题，即工程告一段落后又继续施工，这样既要使其中间不造成浪费，又不留不同工期间的痕迹，这就需要在设计中能分清工期进程，指导全程施工。

五、了解承建方的情况

由于装饰行业在逐步实行设计、施工、工程监理之间分离，目前一般情况下是谁设计谁施工，或者是设计方承担一部分施工，另一部分工程交由没有参与设计的单位施工，针对这种现状要注意以下几方面。

(1) 了解施工单位的技术擅长，相同的装饰效果，可以采用施工单位最擅长的技术工艺，以扬长避短，达到最佳施工效果。

(2) 如果有几家单位同时施工，工程交叉进行，就必须在对几家施工单位技术专长基本了解的基础上，明确他们施工的工区界线。还要在施工图纸上对不同的作业面作出标示，对于交叉作业的工艺、连接等部位也要作出明确标示，以备日后质量检验时明确责任。

六、掌握新材料和新工艺

新材料和新工艺的出现和发展，给装饰行业带来了革命性的变化，而随着各项基础科学的发展，装饰装修的新材料、新工艺将会更快地、不断地出现。如：射钉枪、马钉枪的出现，给钉工艺带来了质的飞跃，效率提高了许多倍，又保证了施工质量；综合木工设备的问世，对于铆榫作业较过去用凿的工艺水平也同样带来了质的飞跃；密度板的问世，给需要大面积木质平板的施工要求带来了极大的方便；各种木质贴面层的出现，也对木质工艺的最终外观效果产生了非常大的影响等。这些新材料、新工艺的出现为装饰工程提高了工程质量，同时又提高了工作效率，也为工程的甲乙双方提高了经济效益。所以，装饰设计师要有科学的头脑和市场的意识，为了提高施工质量、减小劳动强度、提高工作效率，要积极研究、不断发现并运用新材料和新工艺。

七、其他方面

前面章节学习了各种制图方法，要熟悉、会用，同时还要学习有关心理学、民俗学、人机工程学、色彩学以及材料学等各方面的知识。要做到绘制或识读一套装饰图时，能及时地调动起我们装饰制图的知识储备，调动起工程图学的知识储备，调动起空间的想象与理解能力，调动起对于人的行为的认识与理解等，从而能够使图纸所表现的所有空间准确、灵活地反映在大脑中，并建立起一个生动、完整、真实的空间概念，使得设计能体现出既具有科学性，又具有以人为本的设计理念。

第七节　完整的室内施工图纸样式

本节主要列示一些施工图纸，以供学生参考，如图5-11～图5-35所示。

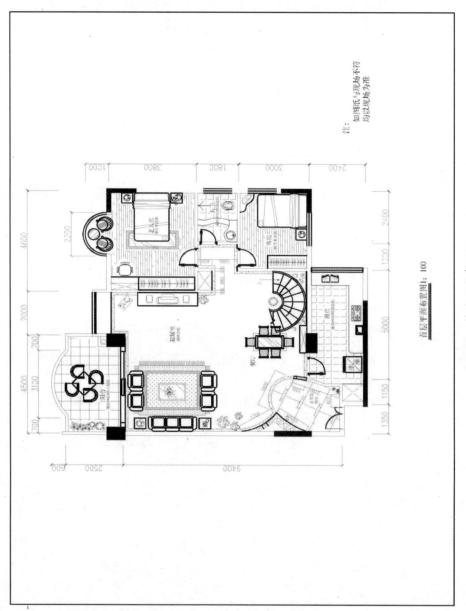

图5-11　首层平面布置图

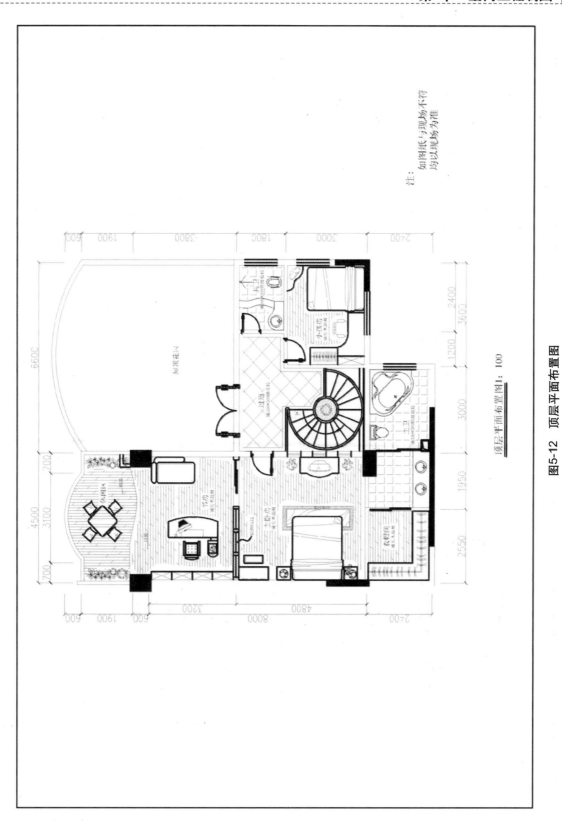

图5-12 顶层平面布置图

05

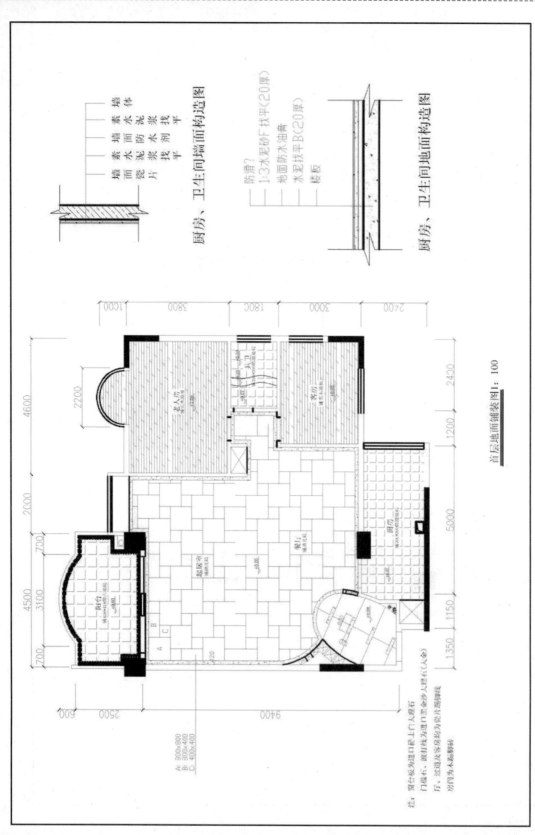

首层地面铺装图1：100

图5-13 首层地面铺装图

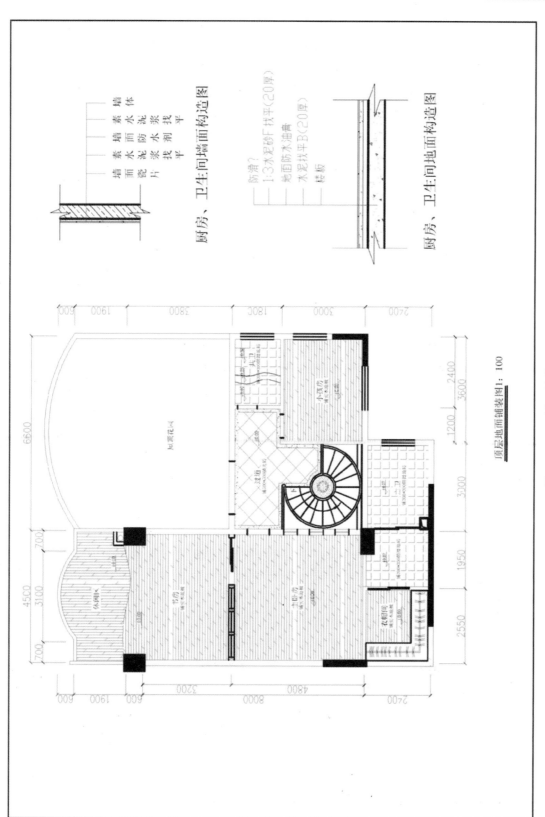

厨房、卫生间墙面构造图

厨房、卫生间地面构造图

顶层地面铺装图1∶100

图5-14　顶层地面铺装图

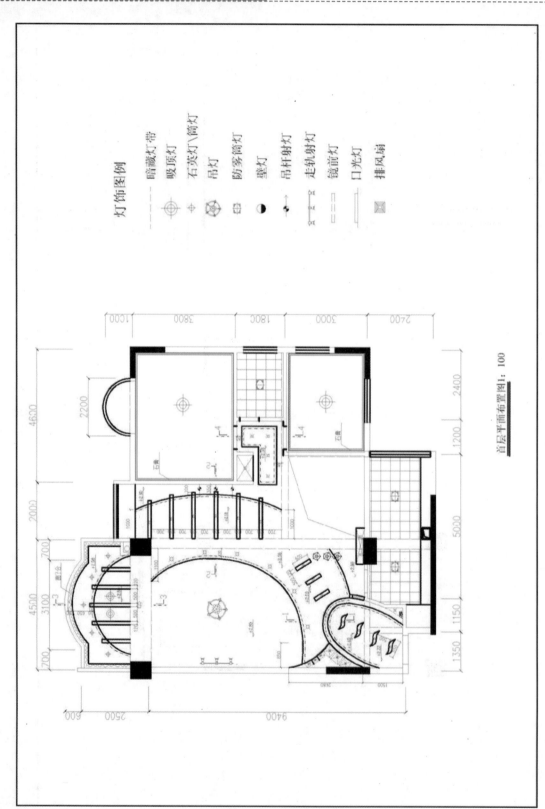

图5-15 首层天花布置图

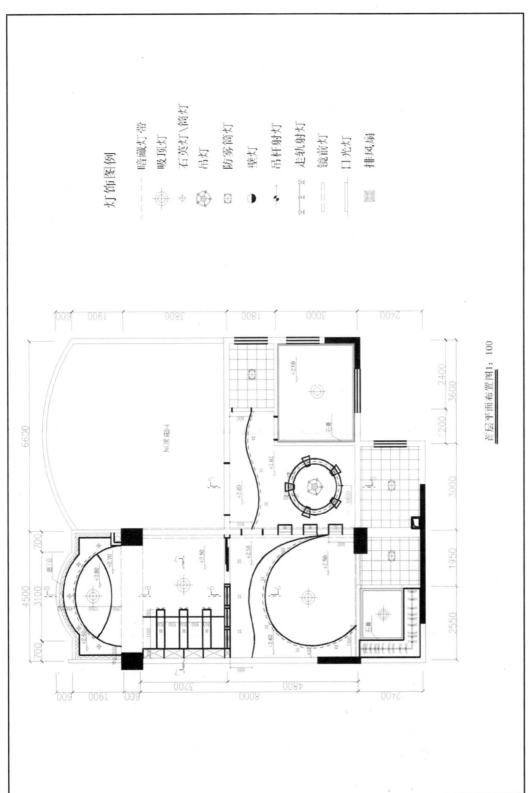

图5-16　顶层天花布置图

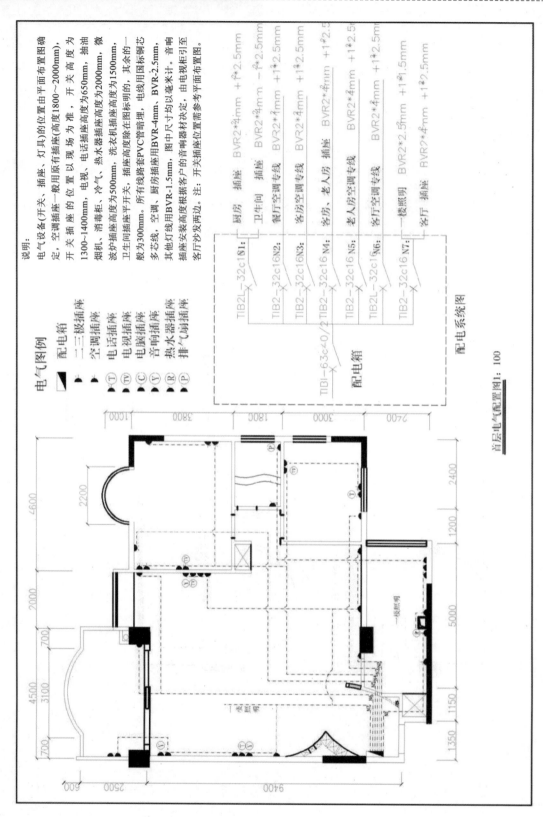

说明：

电气设备（开关、插座、灯具）的位置由平面布置图确定，空调插座一般用原有插座（高度1800～2000mm），开关插座的位置以现场为准，开关高度为1300～1400mm，电视、电话插座高度为650mm，抽油烟机、消毒柜、冷气、热水器插座高度为2000mm，微波炉插座高度为500mm，洗衣机插座高度为1500mm，卫生间插座平面开关，插座除在图标说明的，其余的一般用插座高300mm。所有线路套PVC管暗埋，电线用国标铜芯多芯线，空调、厨房插座用BVR-4mm，**BVR-2.5mm**，其他灯线用BVR-1.5mm。图中尺寸均以毫米计。音响插座安装高度根据客户的音响器材决定，由电视柜引至客厅沙发引至。注：开关插座位置需参考平面布置图。

电气（图例）

◢ 配电箱
◣ 二三极插座
◤ 空调插座
Ⓣ 电话插座
Ⓣⱽ 电视插座
Ⓒ 电脑插座
Ⓨ 音响插座
Ⓡ 热水器插座
Ⓟ 排气扇插座

配电系统图

配电箱

TIB1－63c≠0/2 {
- TIB2L－32c16N1: 厨房 插座 BVR2*4mm +1*2.5mm
- TIB2－32c16N2: 卫生间 插座 BVR2*4mm +1*2.5mm
- TIB2－32c16N3: 餐厅空调专线 BVR2*4mm +1*2.5mm
- TIB2－32c16N4: 客房空调专线 BVR2*4mm +1*2.5mm
- TIB2－32c16N5: 客房、老人房 插座 BVR2*4mm +1*2.5mm
- TIB2L－32c16N6: 老人房空调专线 BVR2*4mm +1*2.5mm
- TIB2－32c16N7: 楼照明 BVR2*2.5mm +1*1.5mm
}
客厅空调专线 BVR2*4mm +1*2.5mm
客厅 插座 BVR2*4mm +1*2.5mm

首层电气配置图1：100

图5-17 首层电气配置图

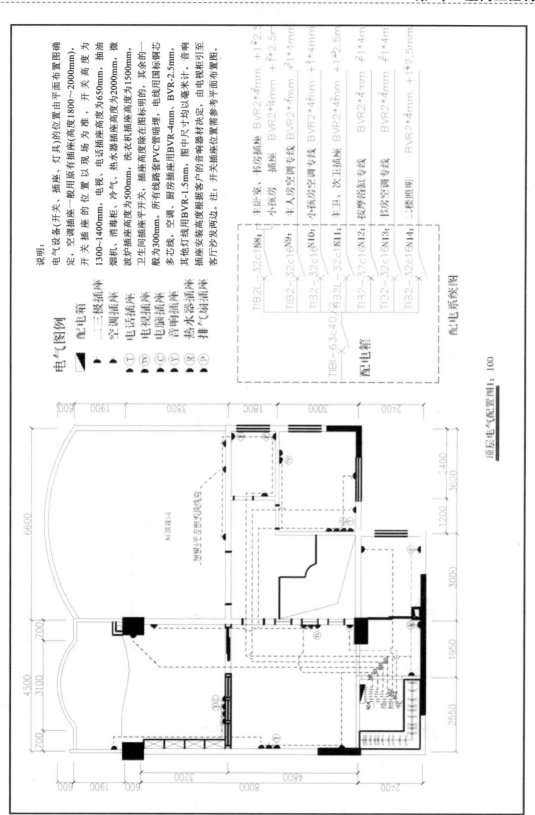

图5-18 顶层电气配置图

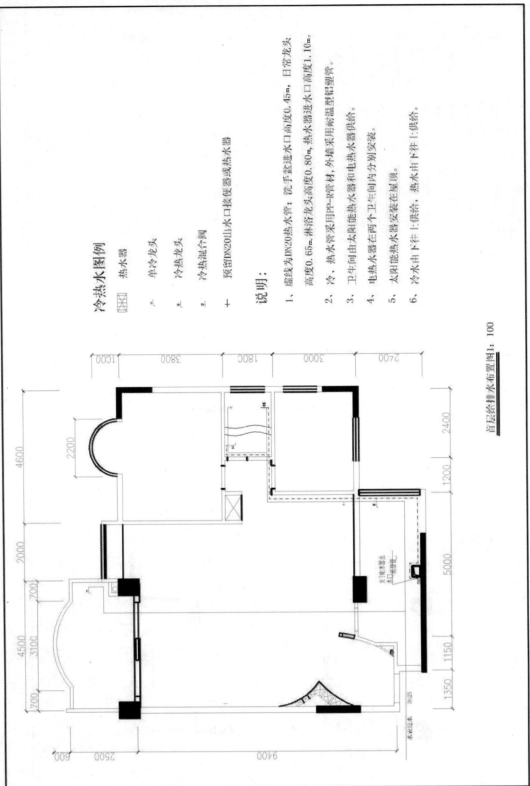

冷热水图例

□图	热水器
二	单冷龙头
三	冷热龙头
五	冷热混合阀
十	预留DN20出水口接便器或热水器

说明：

1、虚线为DN20热水管；洗手盆进水口高度0.45m，日常龙头高度0.65m，淋浴龙头高度0.80m，热水器进水口高度1.10m。

2、冷、热水管采用PP-R管材，外墙采用耐温型铝塑管。

3、卫生间由太阳能热水器和电热水器供给。

4、电热水器在两个卫生间内分别安装。

5、太阳能热水器安装在屋顶。

6、冷水由下往上供给，热水由上往下供给。

首层给排水布置图1：100

图5-19 首层给排水布置图

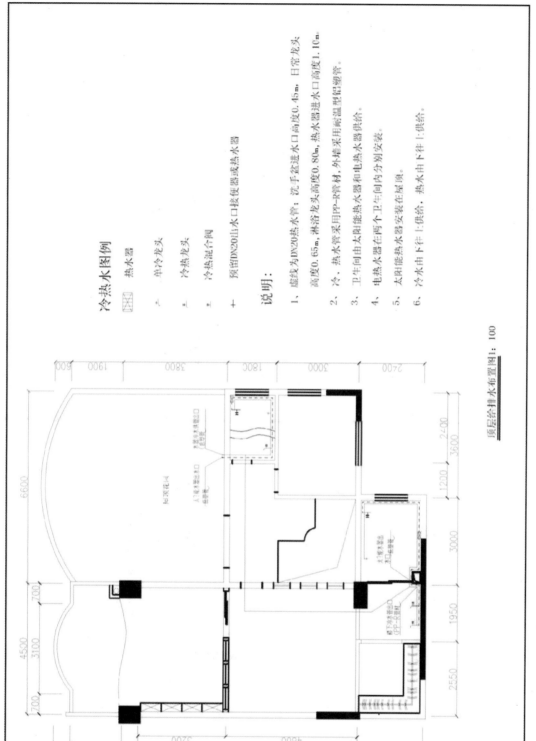

冷热水图例

热水器	
单冷龙头	
冷热龙头	
冷热混合阀	
预留DN20出水口接侍器或热水器	

说明：

1、虚线为DN20热水管；洗手盆进水口高度0.45m。日常龙头高度0.65m，淋浴龙头高度0.80m，热水器进水口高度1.10m。

2、冷、热水管采用PP-R管材，外墙采用断温型铝塑管。

3、卫生间由太阳能热水器和电热水器供给。

4、电热水器在两个卫生间内分别安装。

5、太阳能热水器安装在屋顶。

6、冷水由上往下、供给，热水由下往上供给。

顶层给排水布置图1：100

图5-20 顶层给排水布置图

05

109

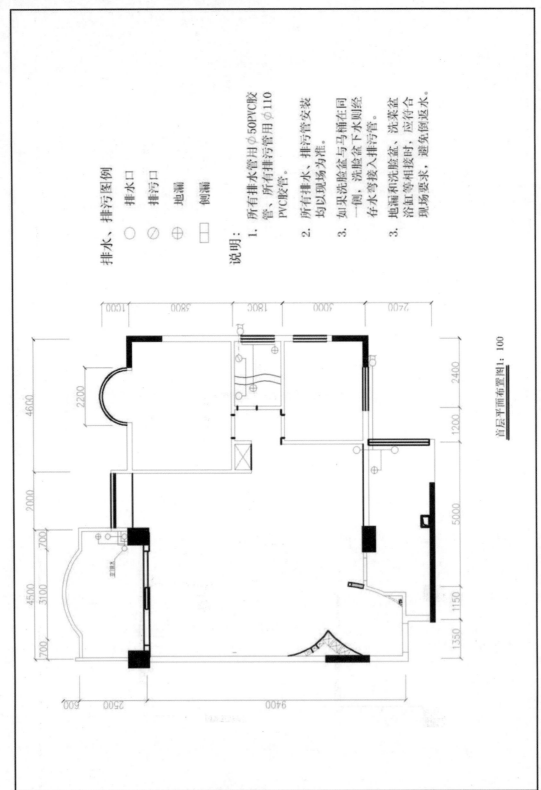

排水、排污图例

排水口	排污口	地漏	侧漏
○	⊘	⊕	□

说明:

1. 所有排水管用 φ50PVC胶管、所有排污管用 φ110 PVC胶管。

2. 所有排水、排污管安装均以现场为准。

3. 如果洗脸盆与马桶在同一侧、洗脸盆下水则经存水弯接入排污管。

3. 地漏和洗脸盆、洗菜盆、浴缸等相接时,应符合现场倒水要求,避免倒返水。

首层平面布置图1: 100

图5-21 首层给排水布置图

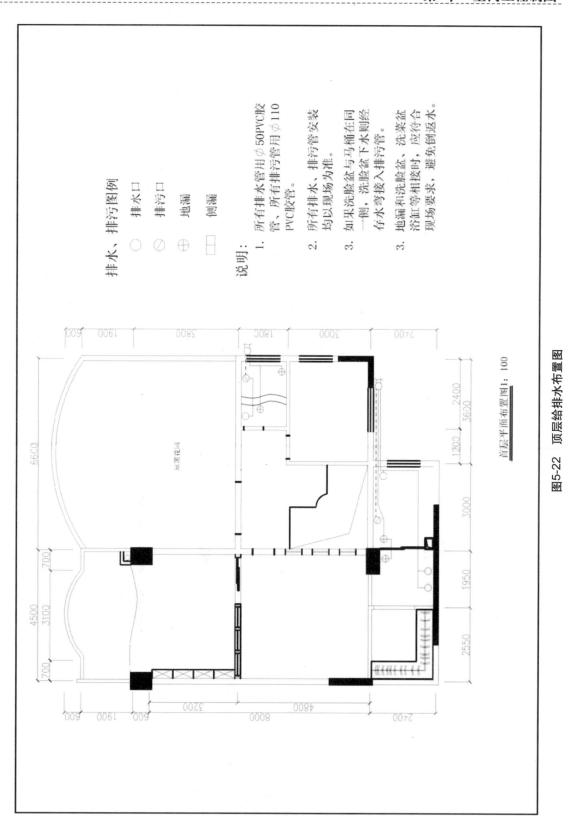

排水、排污图例

○	排水口
⊘	排污口
⊕	地漏
□	侧漏

说明：

1. 所有排水管用φ50PVC胶管、所有排污管用φ110 PVC胶管。

2. 所有排水、排污管安装均以现场为准。

3. 如果洗脸盆与马桶在同一侧，洗脸盆下水则经存水弯接入排污管。

3. 地漏和洗脸盆、洗菜盆浴缸等相接时，应符合现场要求，避免倒返水。

首层平面布置图1：100

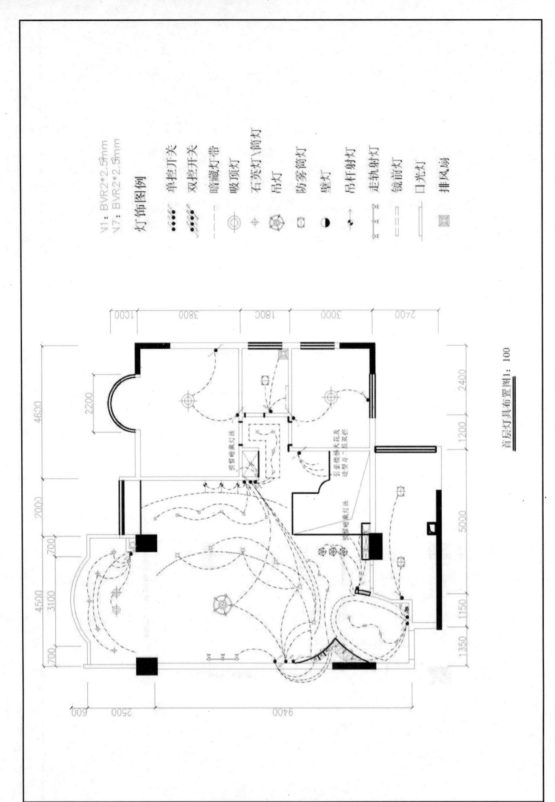

图5-23 首层灯具开关布置图

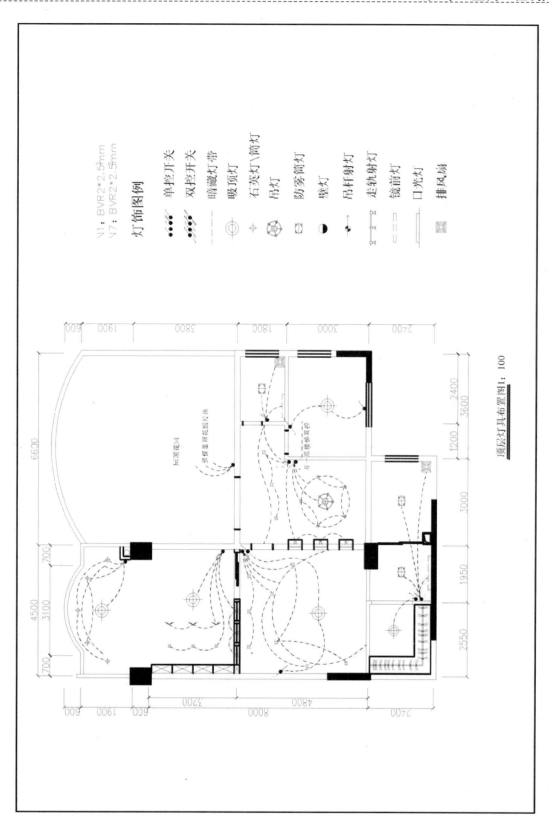

顶层灯具布置图1：100

图5-24 顶层灯具开关布置图

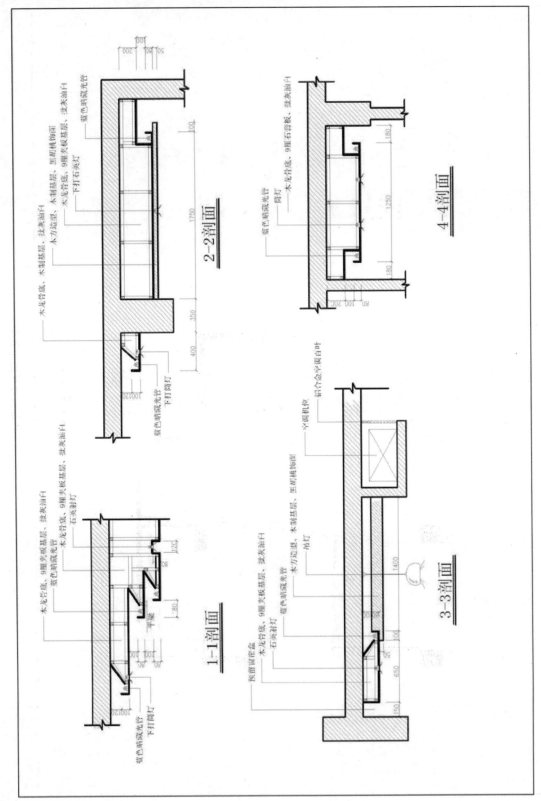

图5-25(a) 剖面图

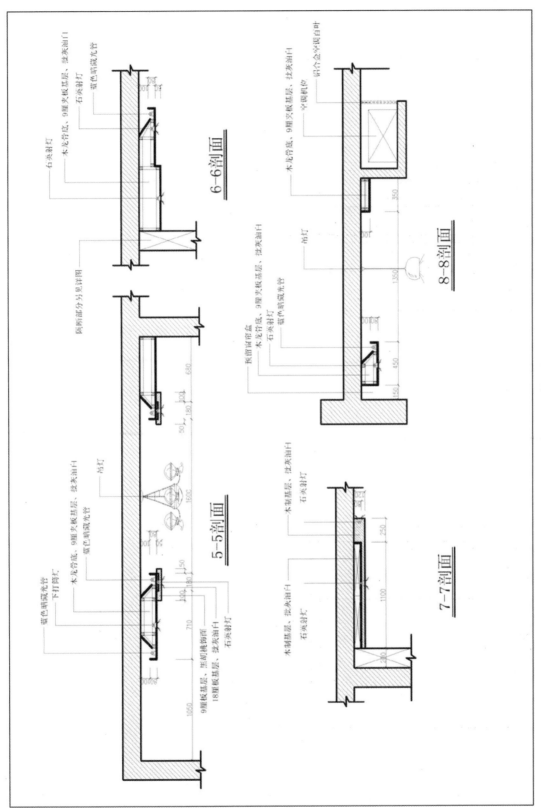

图5-25(b) 剖面图

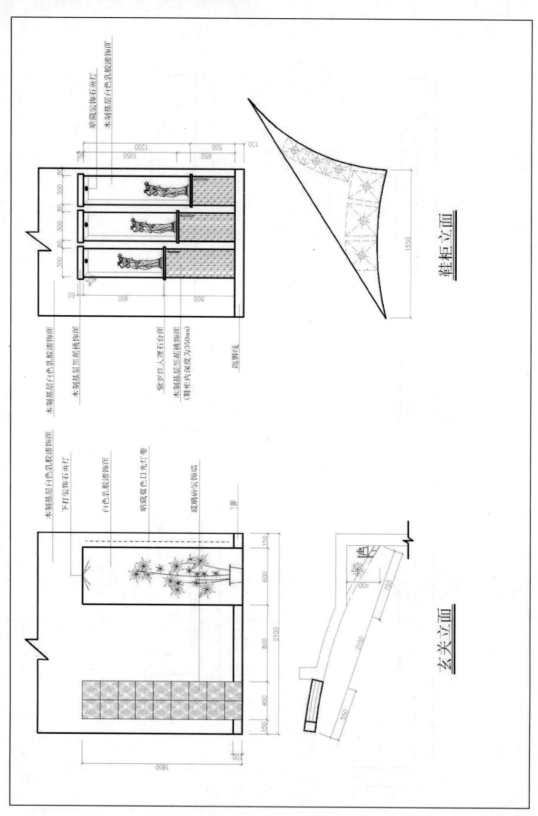

图5-26(a) 立面图

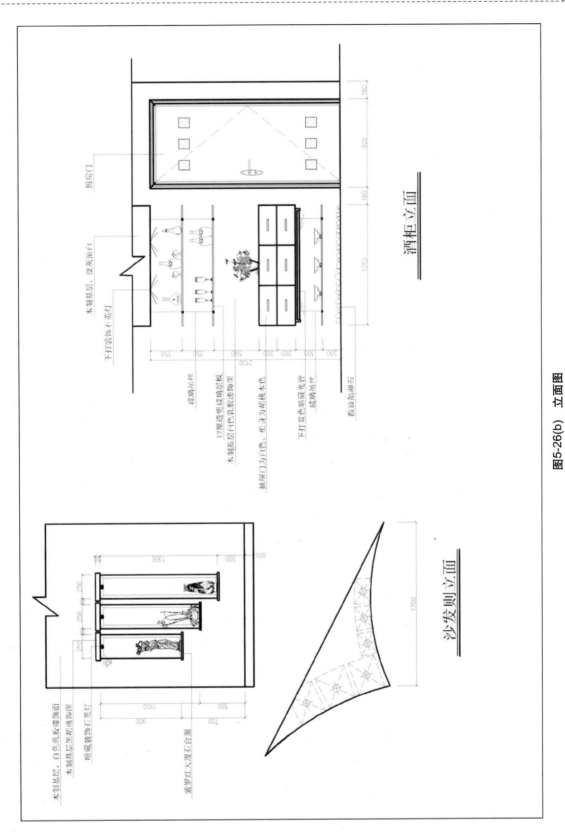

酒柜立面

沙发侧立面

图5-26(b)　立面图

05

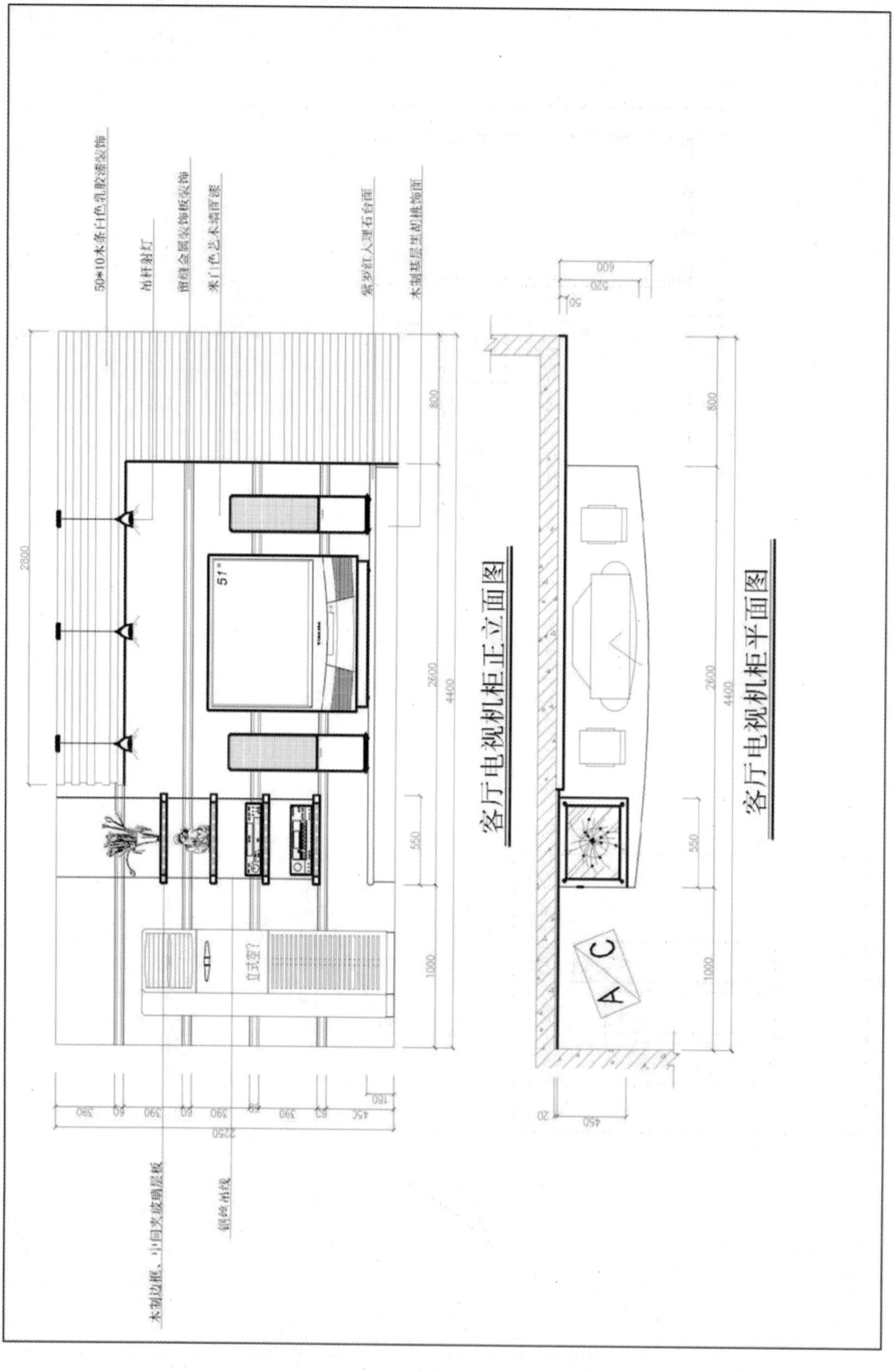

图5-27 客厅电视柜平、立面图

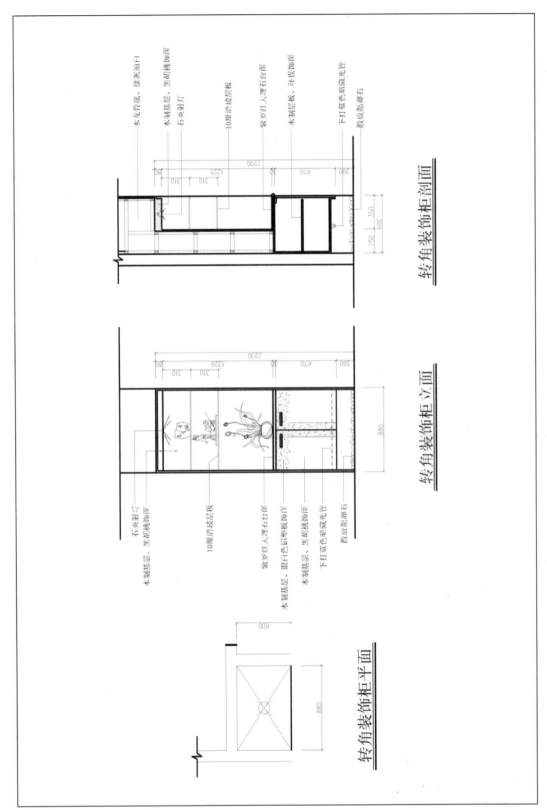

图5-28　转角装饰柜平、立、剖面图

转角装饰柜剖面

木龙骨层、批灰油白
木制基层、黑胡桃饰面
石英射灯
10厘清玻层板
紫岁红人造石台面
木制层板、环保饰面
下打蓝色崩藏光管
散放鹅卵石

转角装饰柜立面

石英射灯
木制基层、黑胡桃饰面
10厘清玻层板
紫岁红人造石台面
银白色铝骨板饰面
木制基层、黑胡桃饰面
下打蓝色崩藏光管
散放鹅卵石

转角装饰柜平面

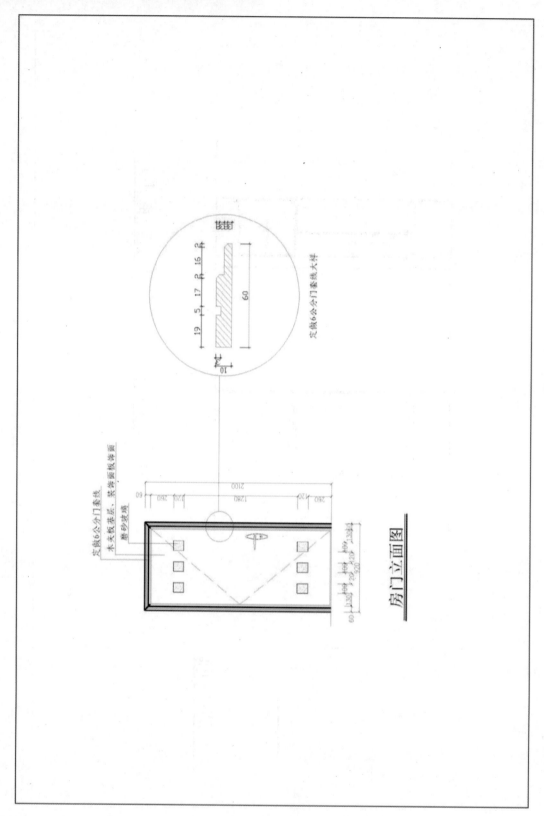

图5-29 房门立面图及大样图

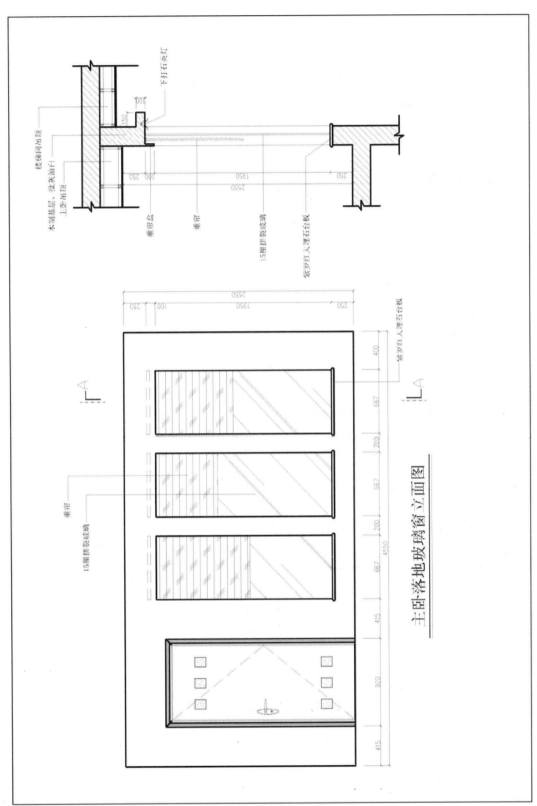

主卧落地玻璃窗立面图

图5-30 主卧落地玻璃窗立面图及剖面图

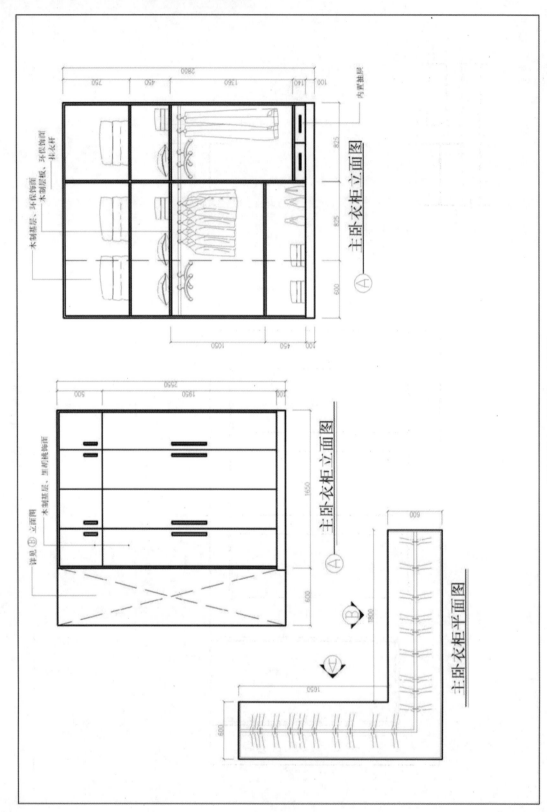

图5-31(a) 家具平、立面图

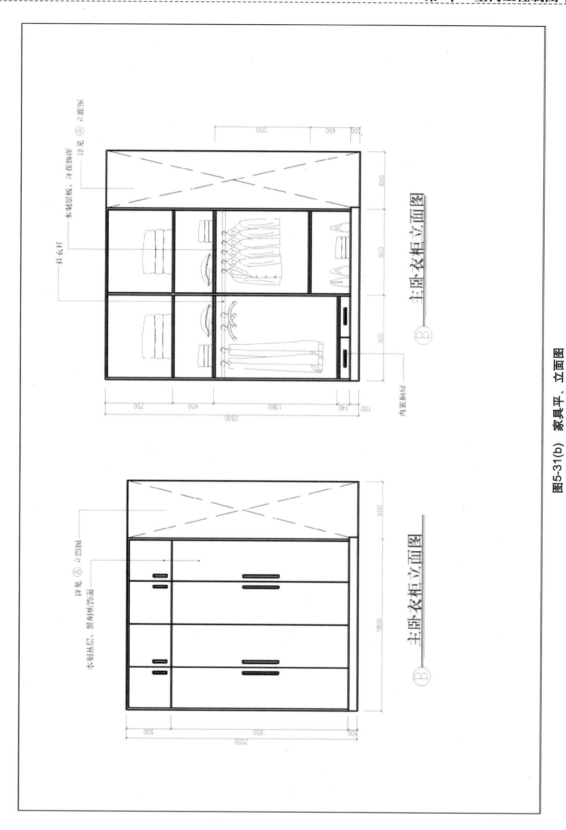

主卧衣柜立面图

主卧衣柜立面图

图5-31(b)　家具平、立面图

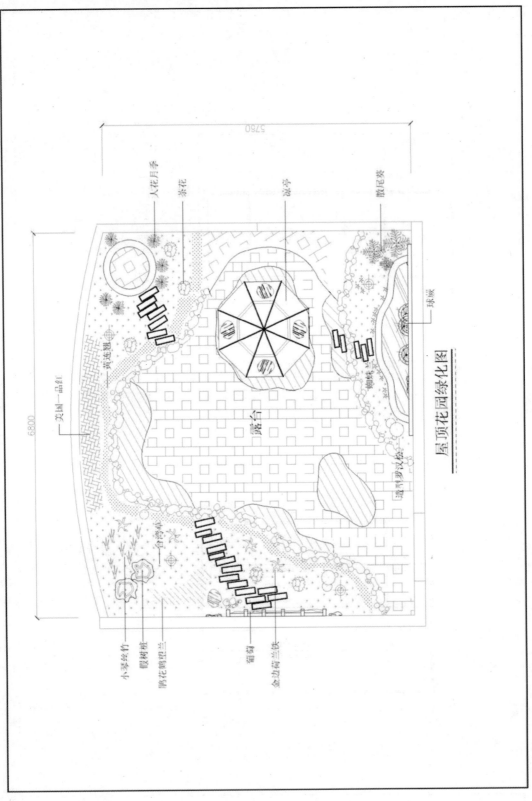

屋顶花园绿化图

图5-32　屋顶花园绿化图

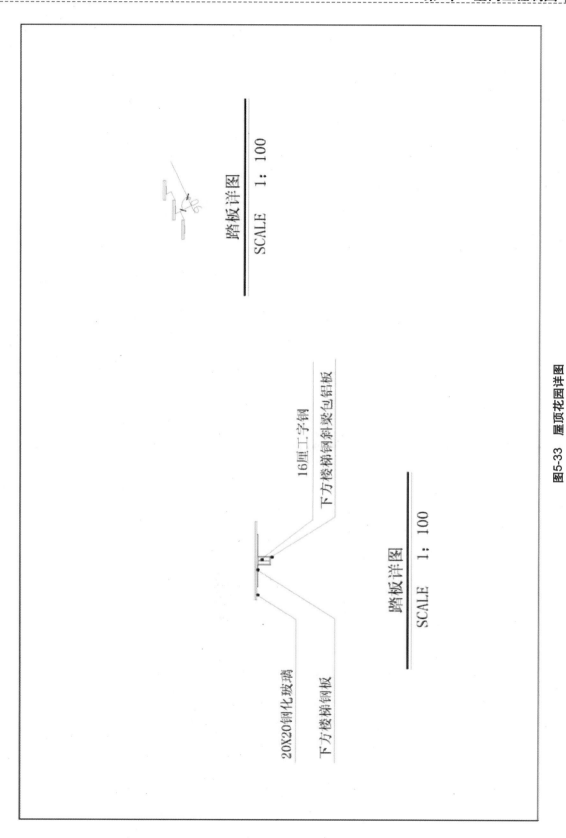

图5-33 屋顶花园详图

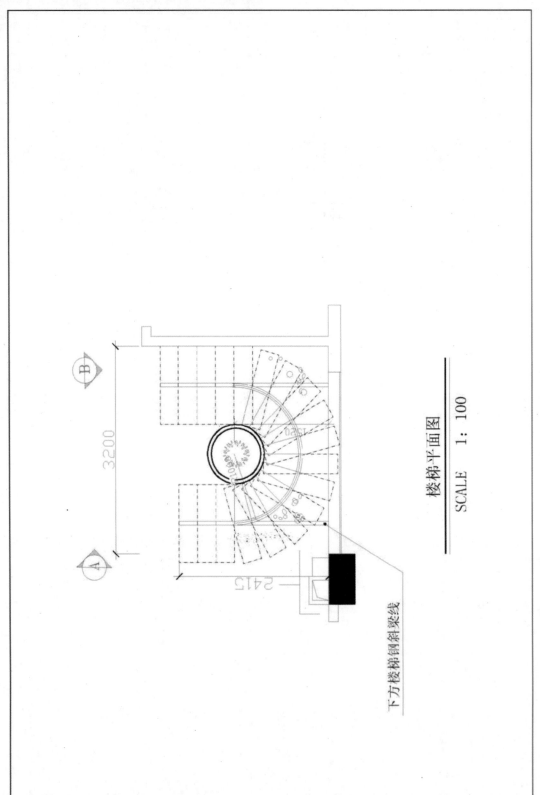

楼梯平面图

SCALE 1: 100

图5-34 楼梯平面图

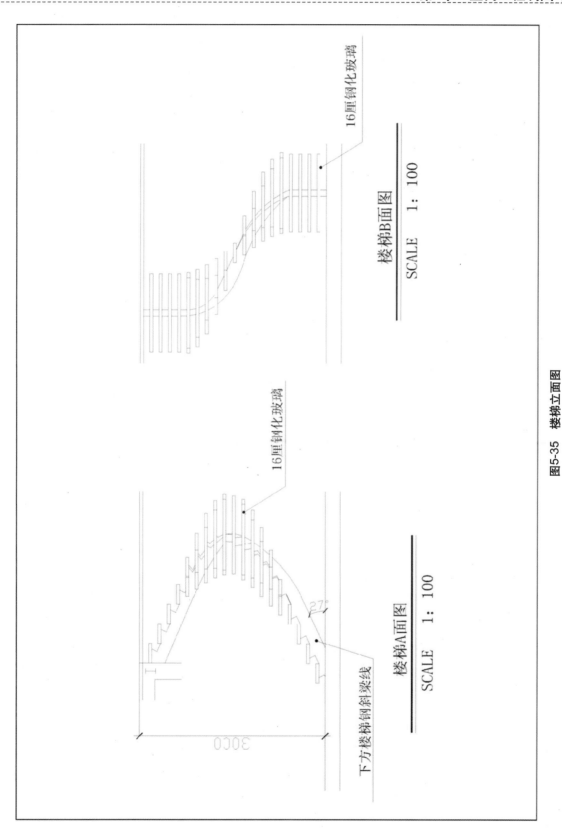

图5-35　楼梯立面图

本章小结

　　工程制图是表达设计意图的一种手段，其表现方法具有一定的专业性、统一性。需要真实地表达室内各实体的结构和功能。

课后习题

　　1．根据所学知识绘制一简单的平面图。

　　2．绘制立面图时，有几种绘制方法？

　　3．绘制节点详图时，需注意哪几点？

附录 A

室内工程图范例

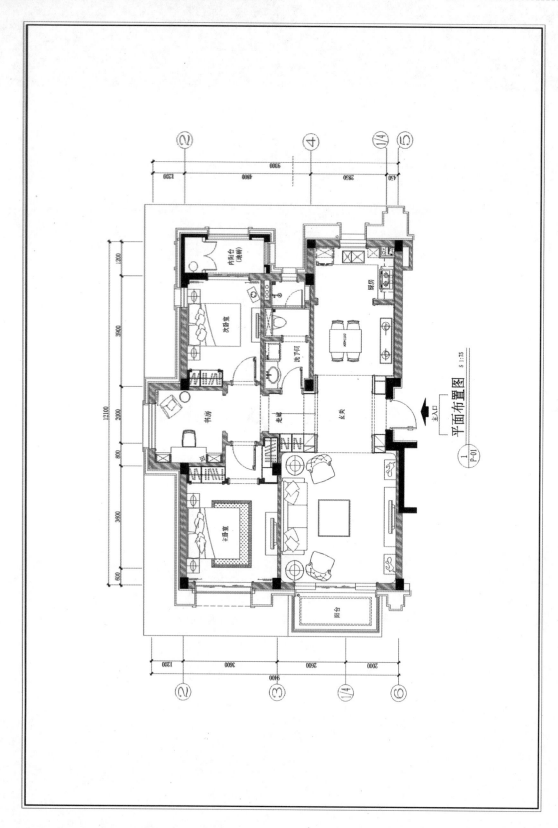

平面布置图 S 1:75

图A-1 平面布置图 1:75

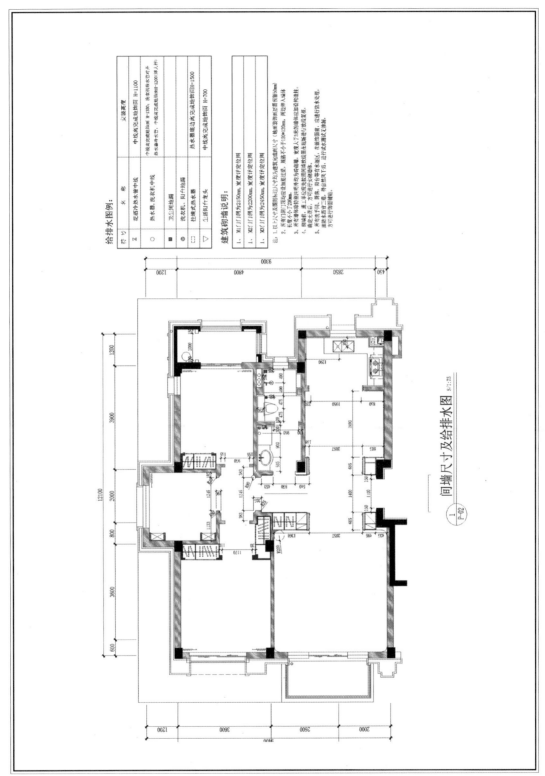

图A-2　间墙尺寸及给排水图 1∶75

附录

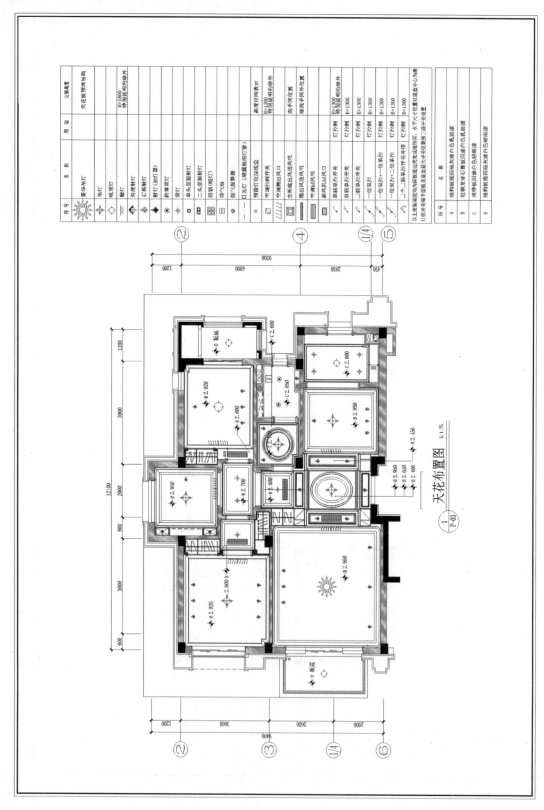

图A-3 天花布置图 1 : 75

符号	名　称	用　途	安装高度
	豪华吊灯		天花板预埋吊钩
	吸顶灯		
	壁灯		H=1600 特别说明的除外
	角度射灯		
	工艺射灯		
	射灯(加石膏圈)		
	脚灯(壁脚灯)		
	筒灯		
	单头豆胆射灯		
	一头豆胆射灯		
	防雾筒灯		
	灯光片(神藏板组织灯带)		
	发光灯罩壳		
	节能灯(吸顶暗装)		两度计电表示
	中演2测控开关		H=1300 特别说明的除外
	中演圆出风口		洗手间的位置
	方形板出风送风风口		除吸手间外位置
	微出风送风风口		
	中演2风口		
	单联单控开关		灯控制侧 H=1300 特别说明的除外
	双联单控开关		灯控制侧 H=1300
	三联单控开关		灯控制侧 H=1300
	一位双控		灯控制侧 H=1300
	二位双控一位单控		灯控制侧 H=1300
	二位双控一位单控		灯控制侧 H=1300
	一个二联单控开关并单控		灯控制侧 H=1300

注:以上安装高度均为本图标注标定或未另注明需以饰标准。水平尺寸位置需以盒大开位置数量一组并开关安设灯位并且电器位置以盒中心为准

符号	名　称
A	结构板底同天海油白色乳胶漆
B	轻钢龙骨石膏板面油白色乳胶漆
C	浅仿板面油白色喷漆
D	结构板底同天海油白色喷漆

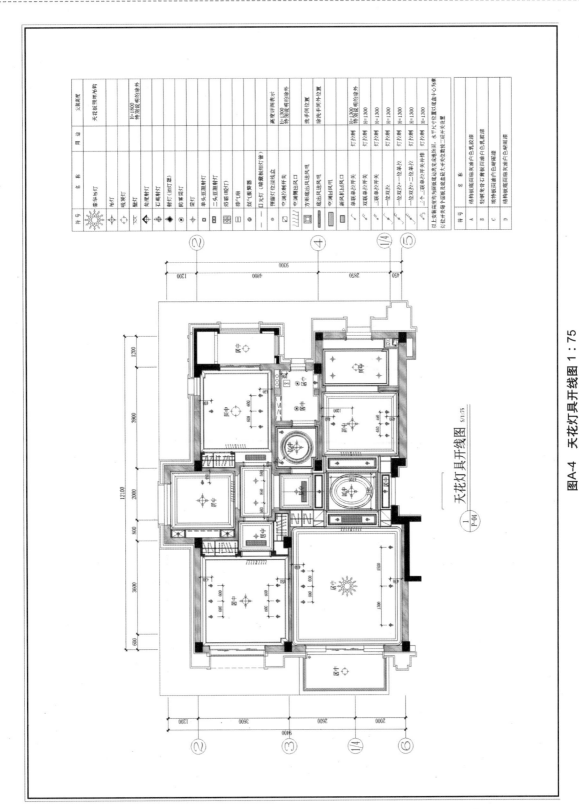

图A-4 天花灯具开线图 1:75

附录

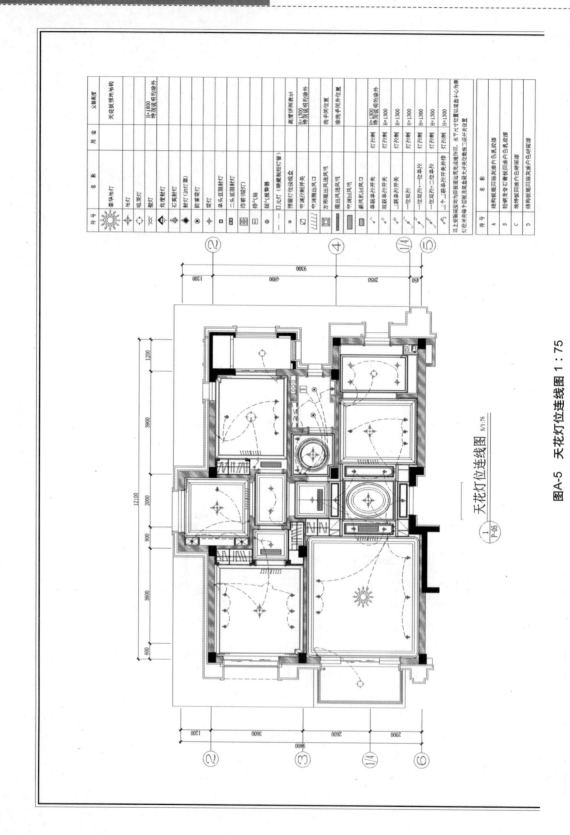

符号	名 称	用 途	次装高度
✳	豪华吊灯		天花说明内装饰
✦	吊灯		
✕	吸顶灯		H=1800 特况说明的像外
✦	壁灯		
◆	亚克射灯		
◉	射灯（功灯量）		
✛	筒灯		
□	单头亚里射灯		
□	二头亚里射灯		
⊡	冷阴极（光灯）		
⊙	扫气箱		
⊙	感应气感警器	口光灯（蜂鸣报告灯管）	离度评伊说示
⊠	预离灯位检验位		H=1300 特况说明的像外
⊠	空调外制控杆关		
▤	方形格出风口		流水手间位置
▤	格出风送风闪		
▤	格出风送风口		墙洗手间外位置
▤	格风纹出风口		
⤙	单联单控开关	灯光制闸	H=1300
⤙	双联单控开关	灯光制闸	H=1300
⤙	二联单控开关	灯光制闸	H=1300
⤙	一位双控	灯光制闸	H=1300
⤙	二位双控	灯光制闸	H=1300
⤙	一位双控+一位单控	灯光制闸	H=1300
⤙	二+一联单双控开关+手开关	灯光制闸	H=1300
符 号	名 称		
A	结构板底同层表油内色乳胶漆		
B	轻钢龙骨石青板同层内色乳胶漆		
C	墙饰板同层内色硬哑漆		
D	结构板底同层表油灰色内色硬哑漆		

以上安装高度布局说明标高实尺及说明所指，水平尺寸位置以设盒中心为准据
灯位每每个位置及盒位大小开位应在施工实许定置

天花灯位连线图 S/1:75

1
P-05

图A-5 天花灯位连线图 1：75

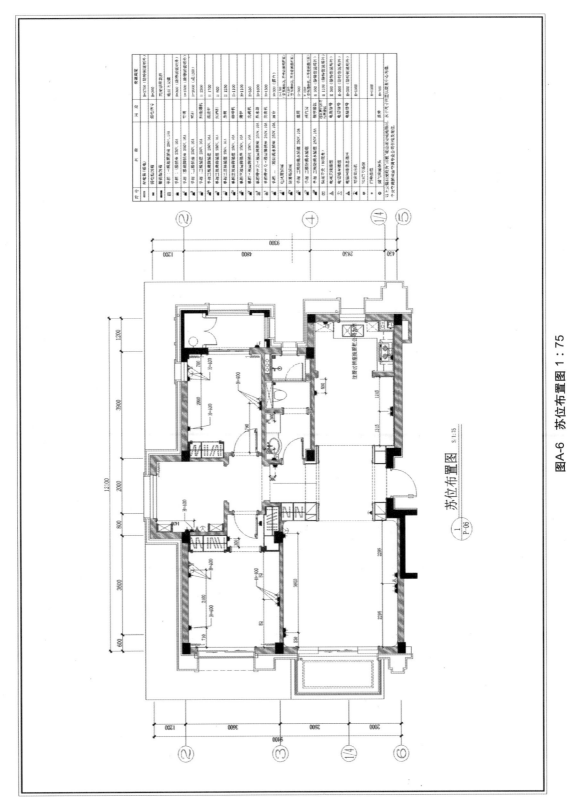

苏位布置图　S 1:15

图A-6　苏位布置图 1：75

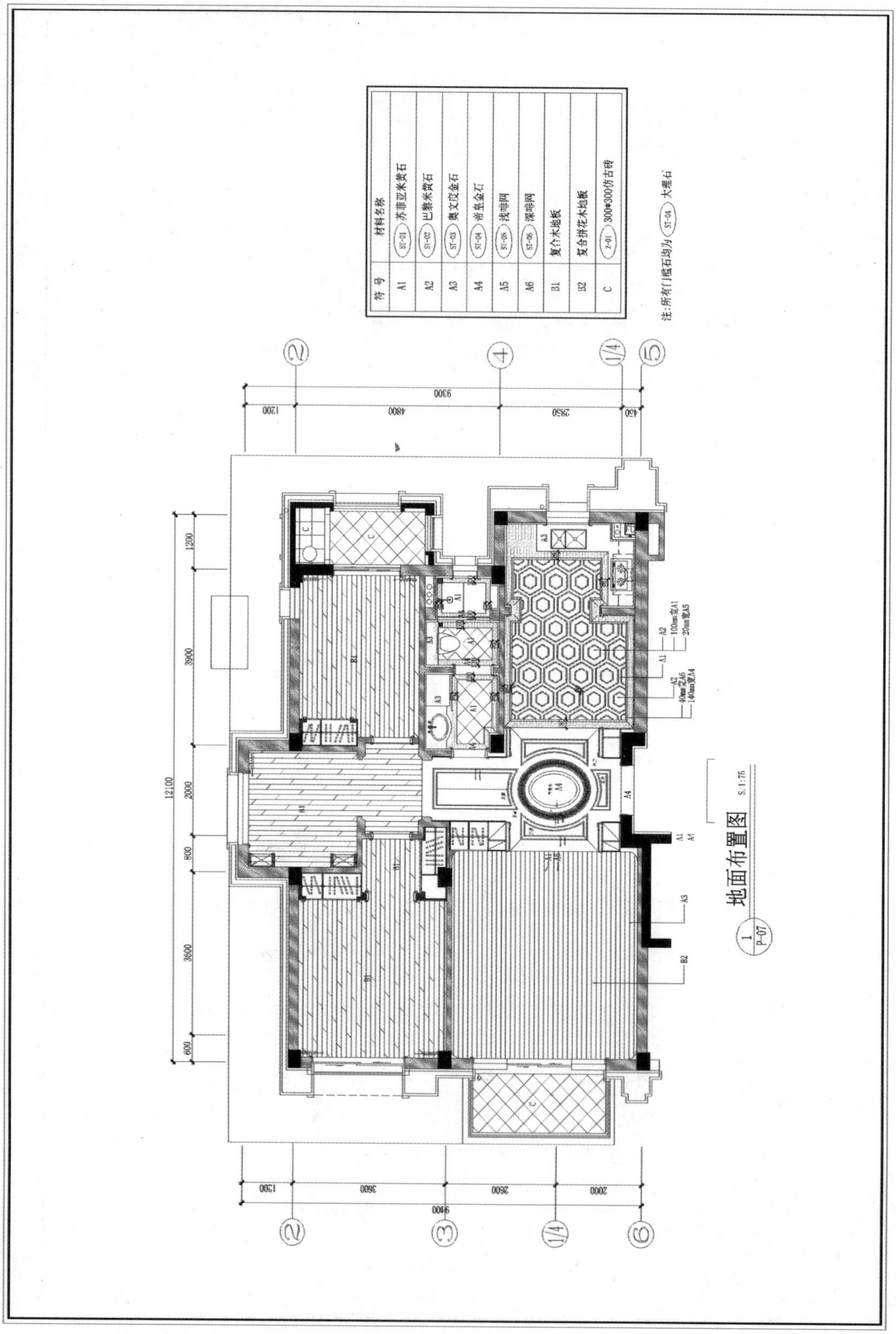

符号 | 材料名称
A1 | ST-01 苏菲亚米黄石
A2 | ST-02 巴黎米黄石
A3 | ST-03 奥文度金石
A4 | ST-04 帝皇金石
A5 | ST-05 浅啡网
A6 | ST-06 深啡网
B1 | 复合木地板
B2 | 复合拼花木地板
C | Z-01 300*300仿古砖
注:所有门槛石均为 ST-04 大理石
地面布置图 S:1:75
1 P-07

图A-7　地面布置图 1：75

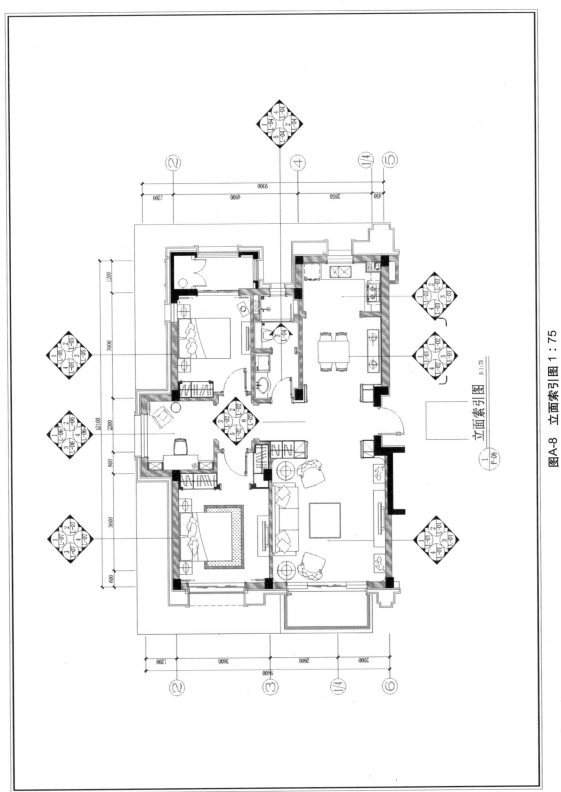

立面索引图 1:75

图A-8 立面索引图 1:75

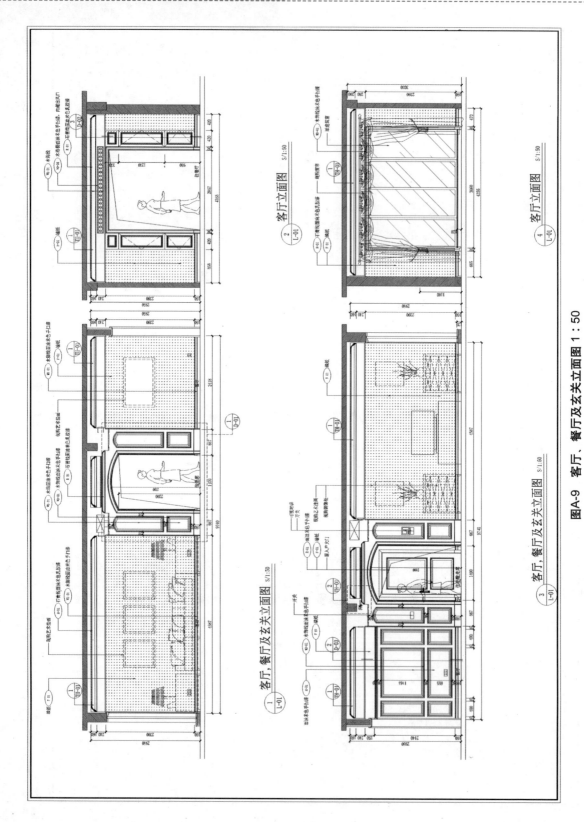

图A-9 客厅、餐厅及玄关立面图 1∶50

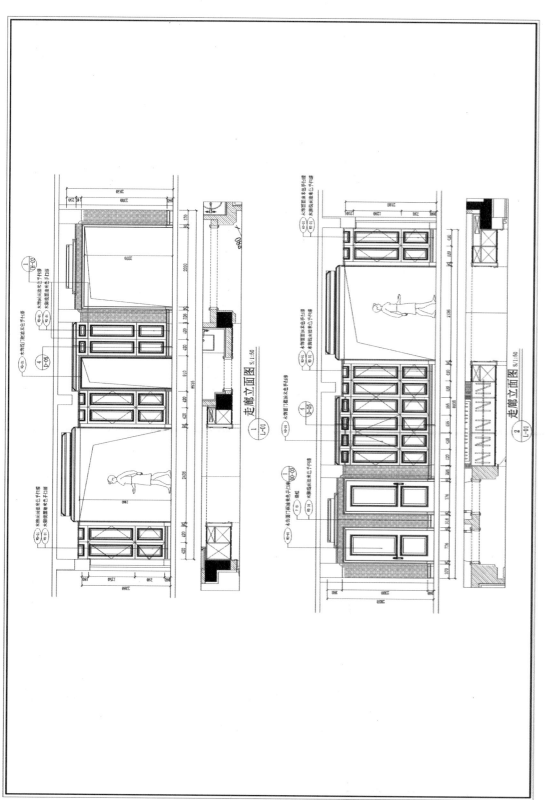

图A-10 走廊立面图 1：50

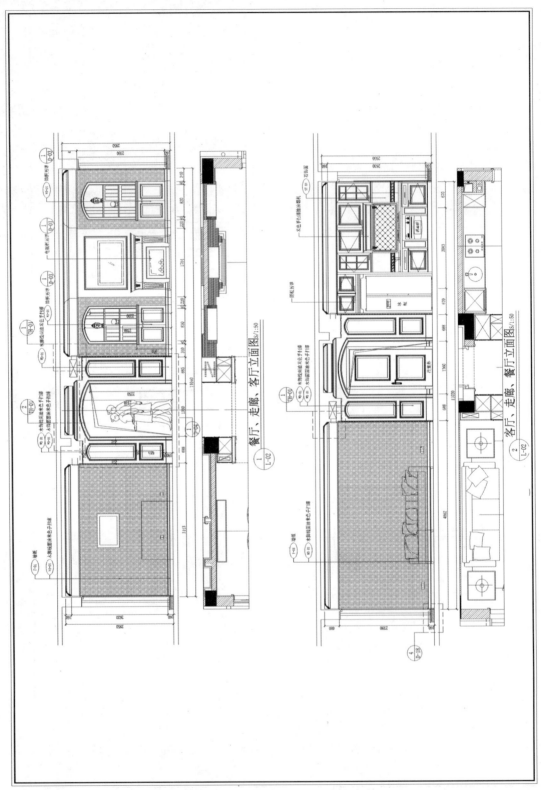

图A-11 客厅、走廊及餐厅立面图 1：50

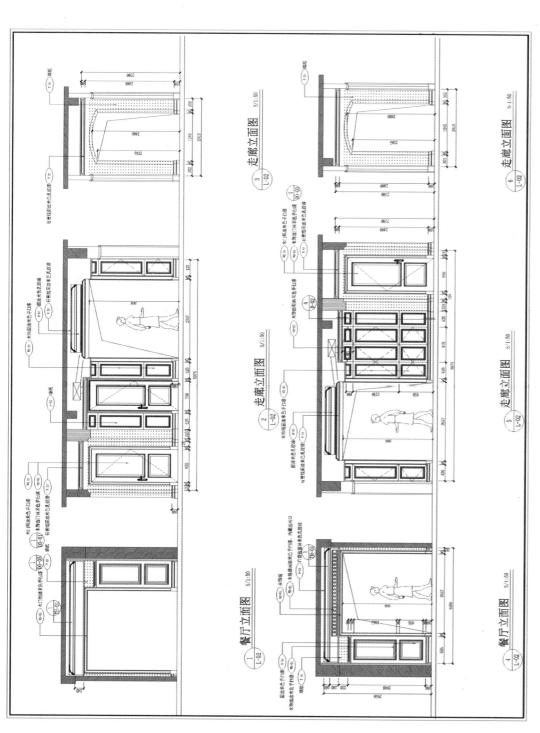

图A-12 餐厅及走廊立面图 1：50

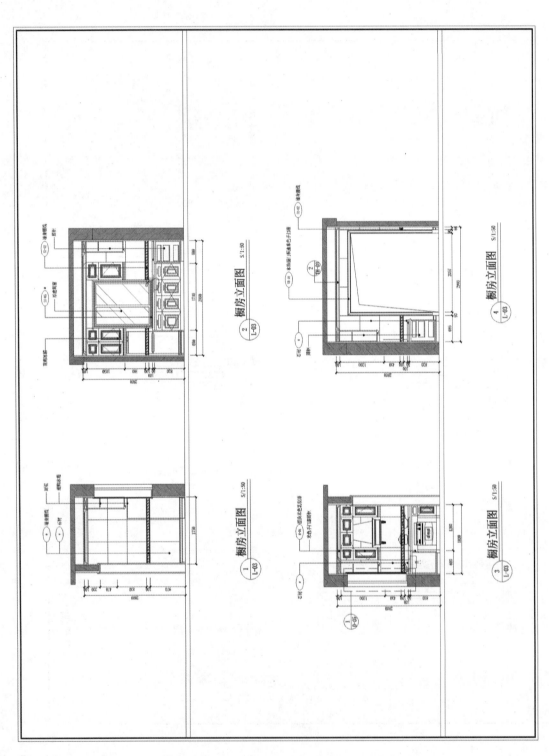

图A-13　厨房立面图 1：50

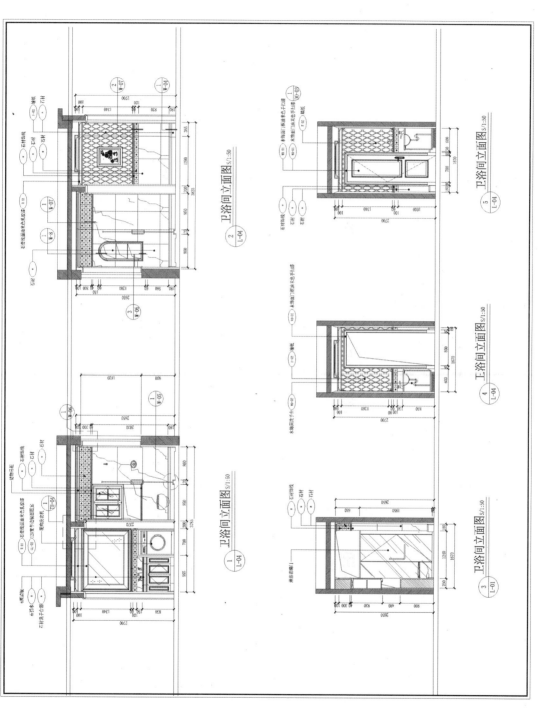

图A-14 卫浴间立面图 1：50

附录

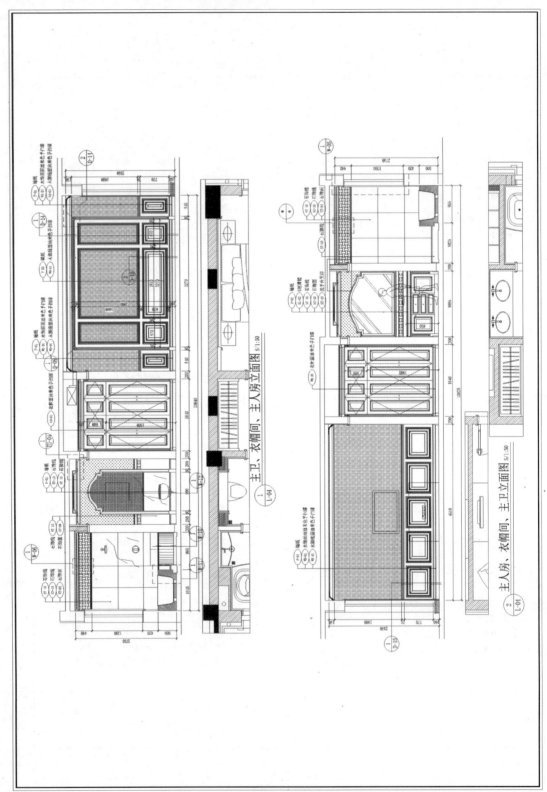

图A-15 主卫、衣帽间及主人房立面图 1：50

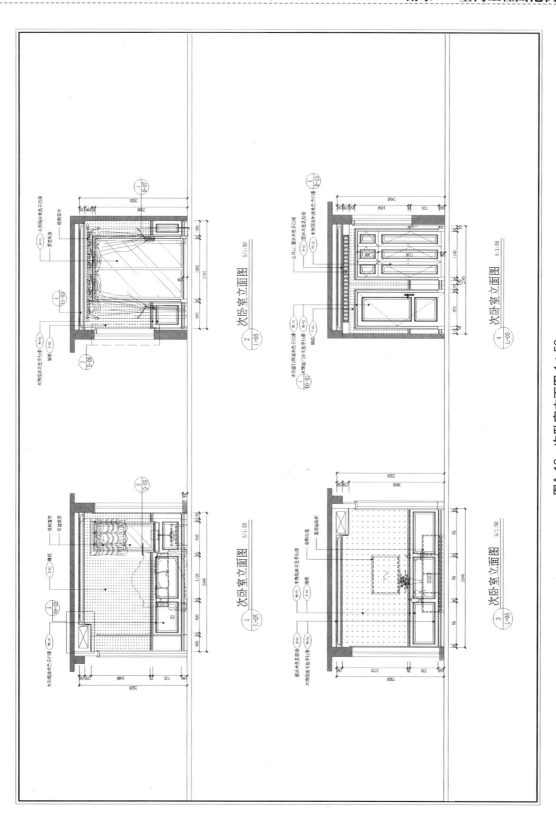

图A-16 次卧室立面图图 1:50

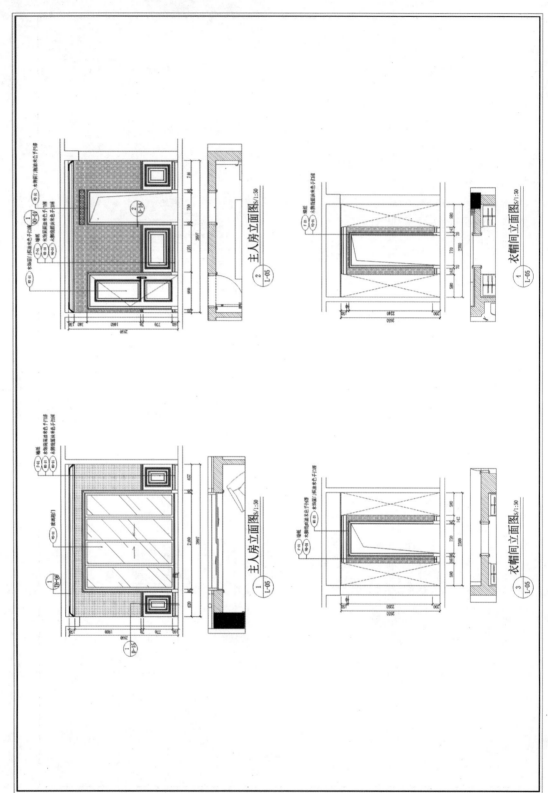

图A-17 主人房、衣帽间立面图 1：50

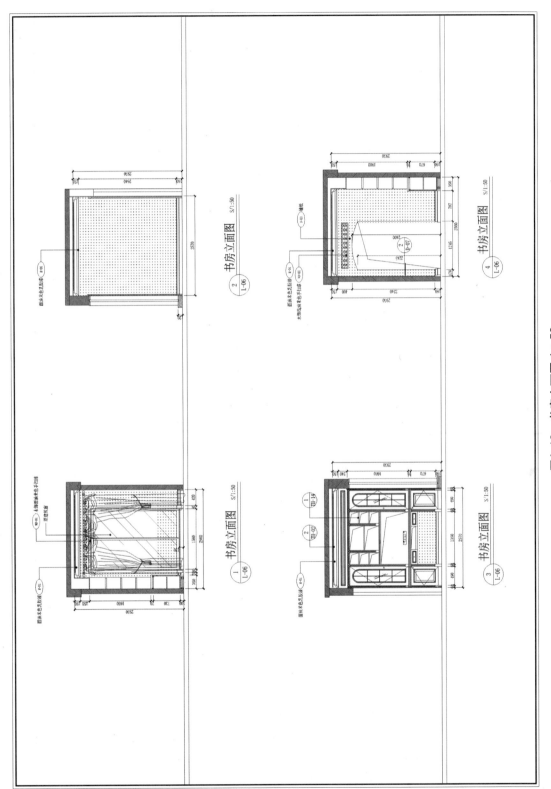

图A-18　书房立面图 1：50

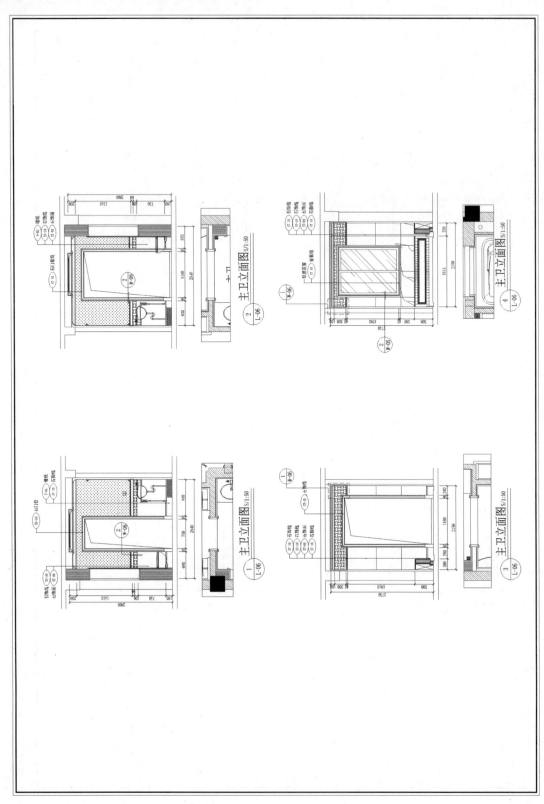

图A-19　主卫立面图 1：50

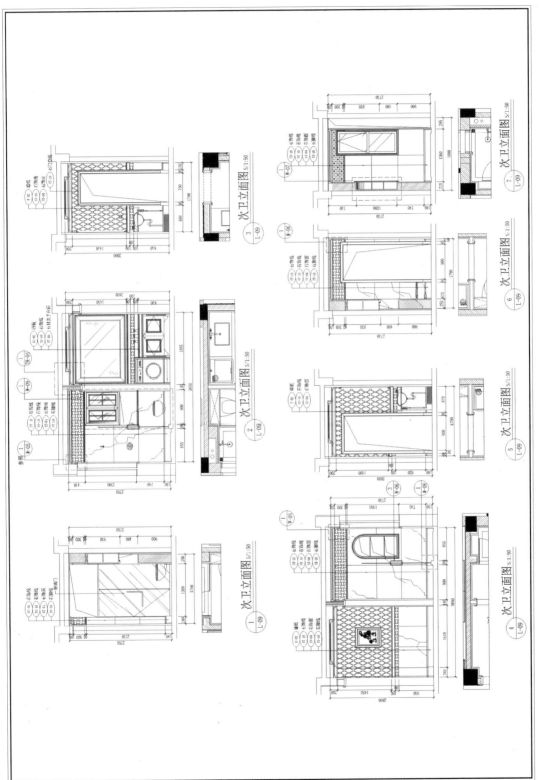

图A-20 次卫立面图 1：50

附录

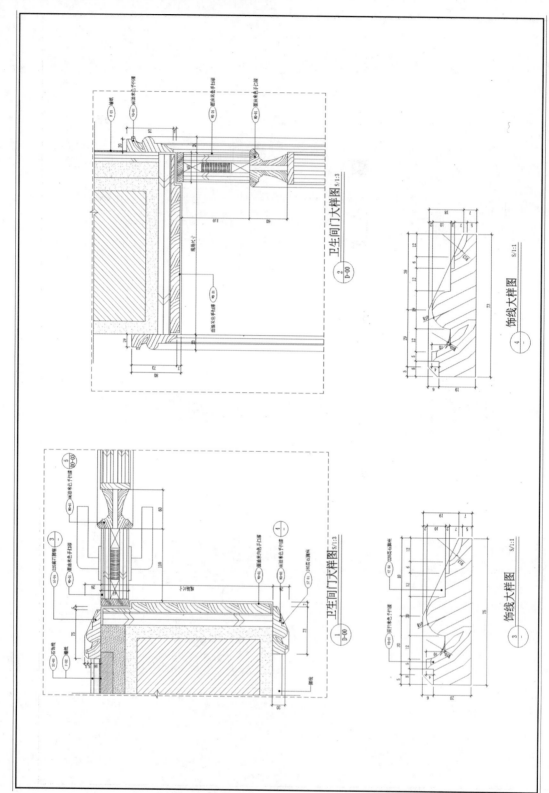

图A-21　卫生间门大样图 1 : 3

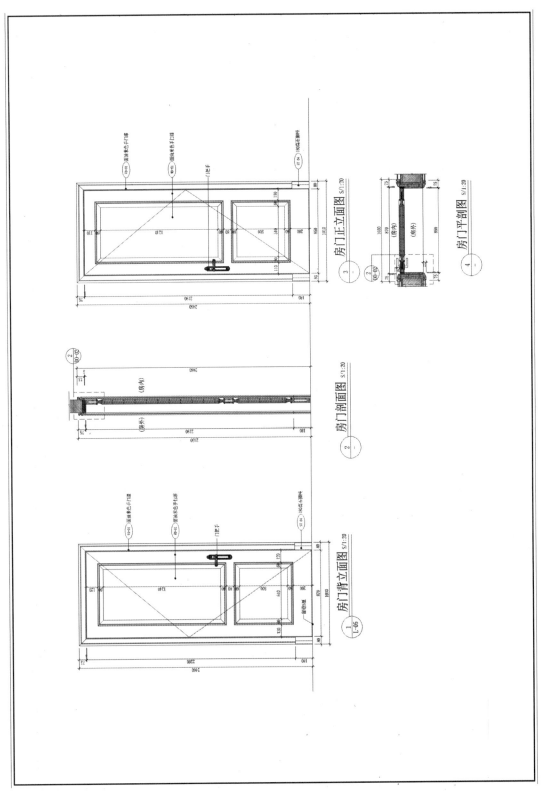

图A-22 房门大样图 1：20

附录

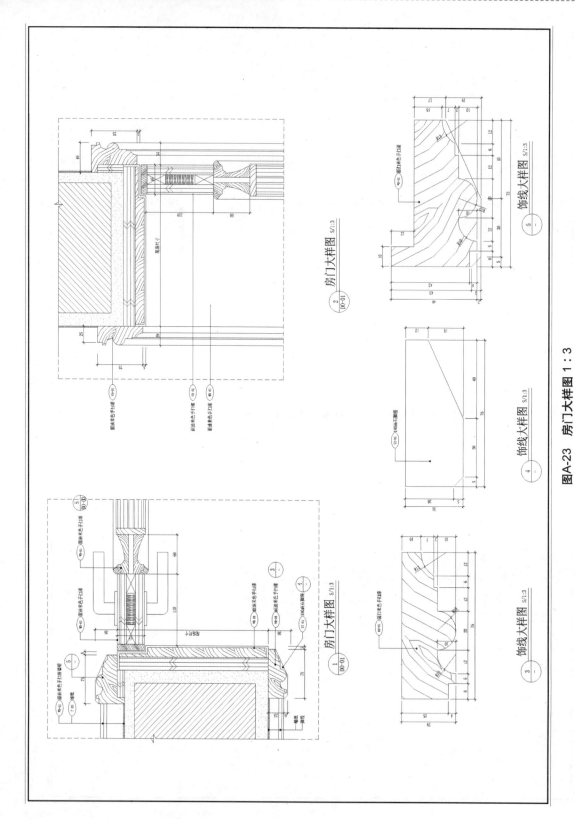

图A-23 房门大样图 1:3

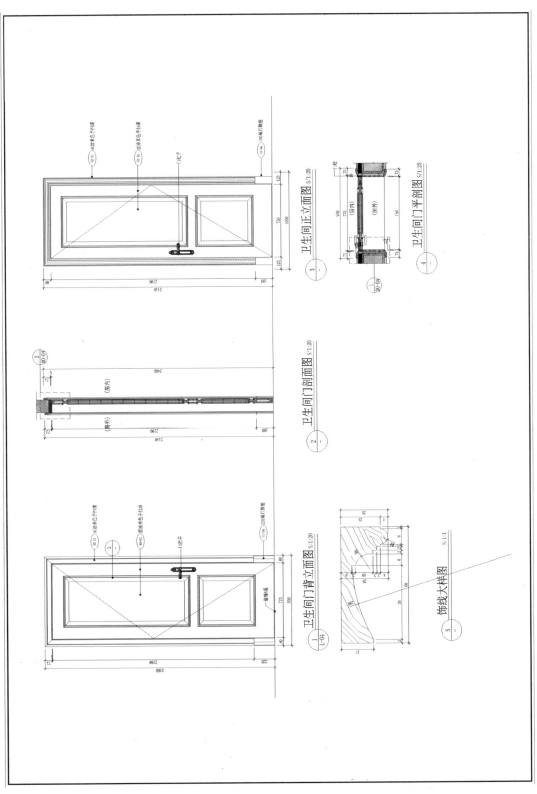

图A-24 卫生间门大样图 1∶20

附录

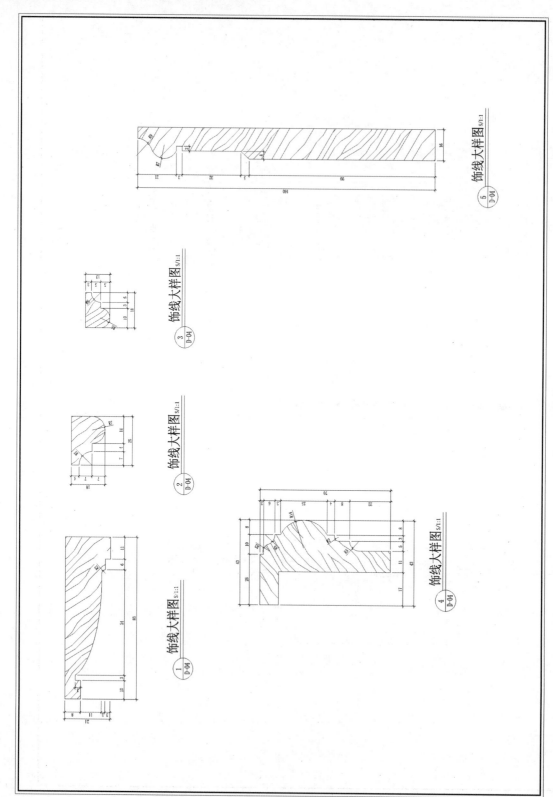

图A-25 饰线大样图 1：1

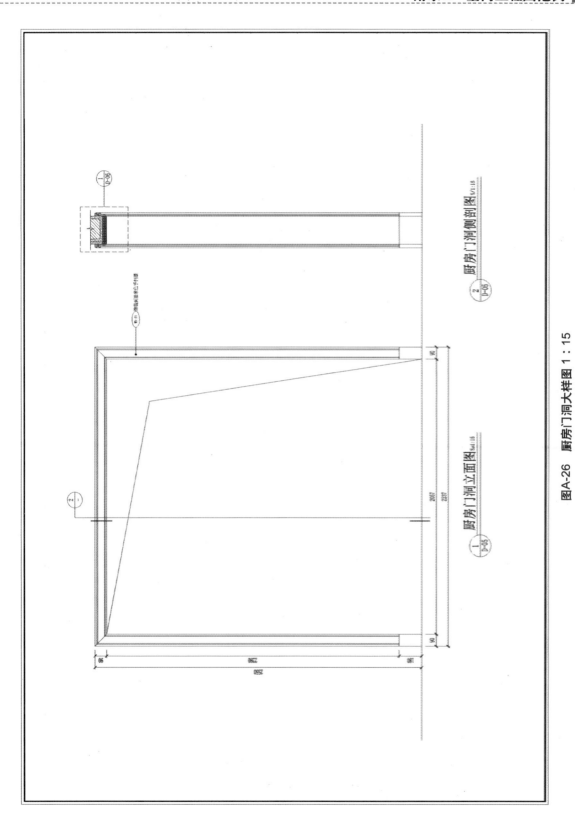

图A-26　厨房门洞大样图 1:15

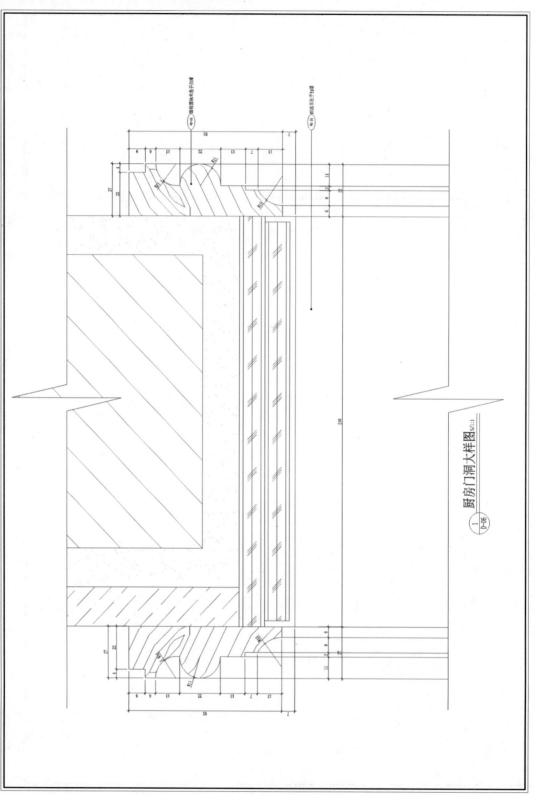

图A-27 厨房门洞大样图 1:1

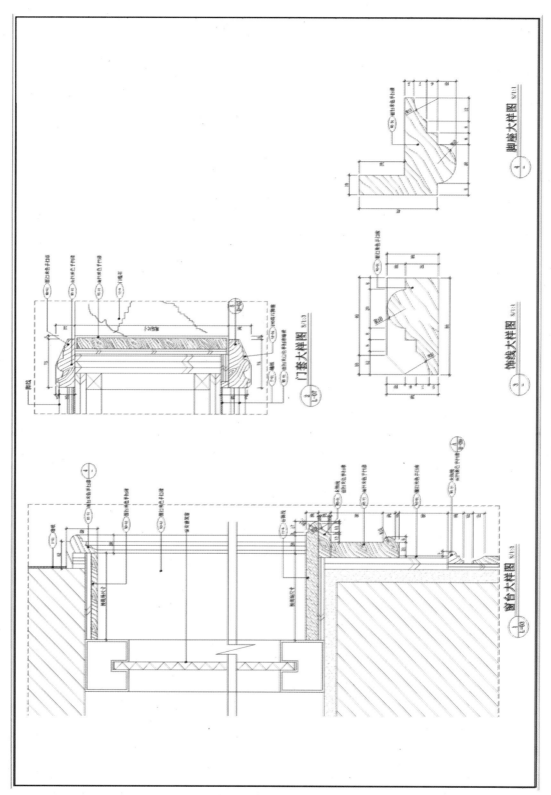

图A-28 窗套门套大样图 1：3

附录

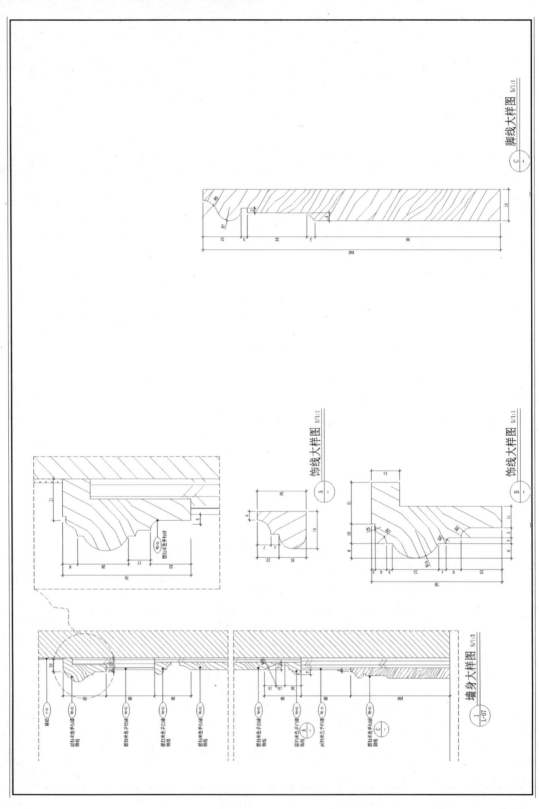

图A-29 墙身大样图 1∶3

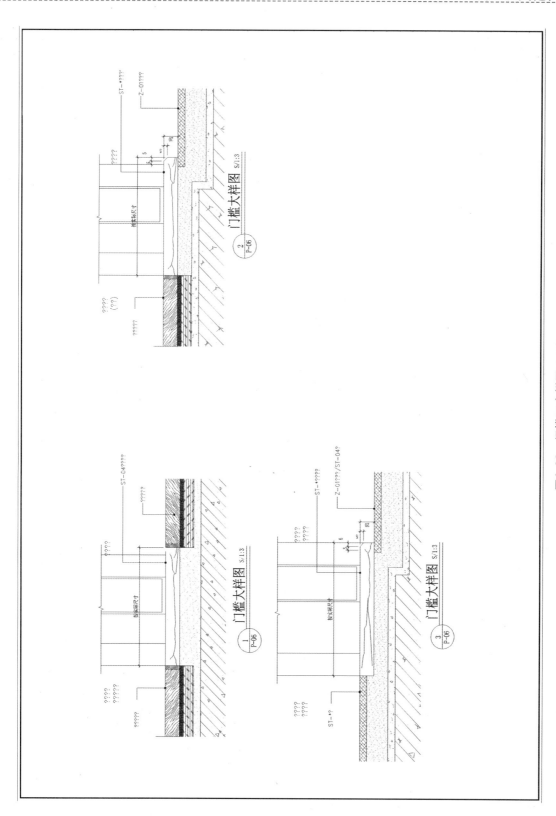

图A-30 门槛石大样图 1∶3

附录

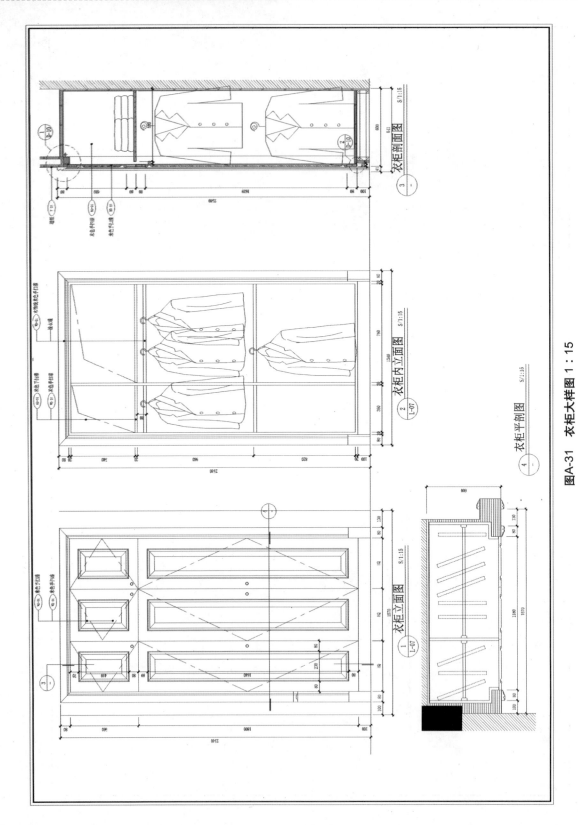

图A-31　衣柜大样图 1：15

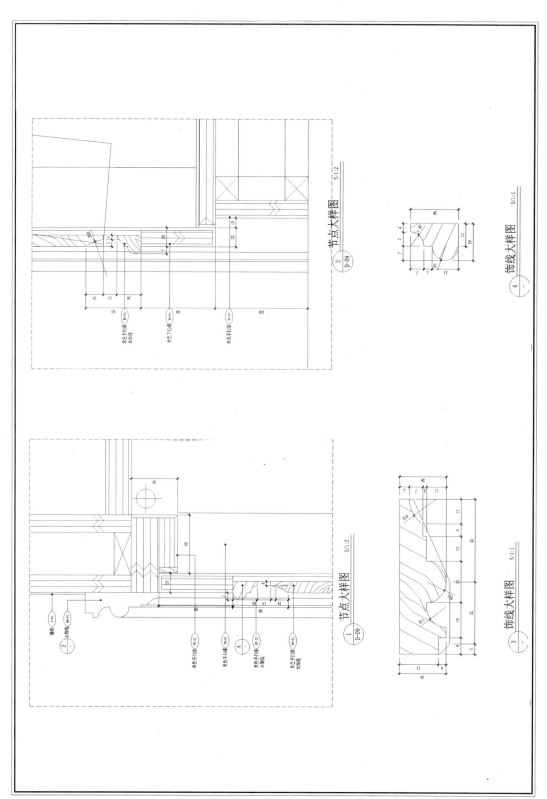

图A-32 衣柜大样图 1:2

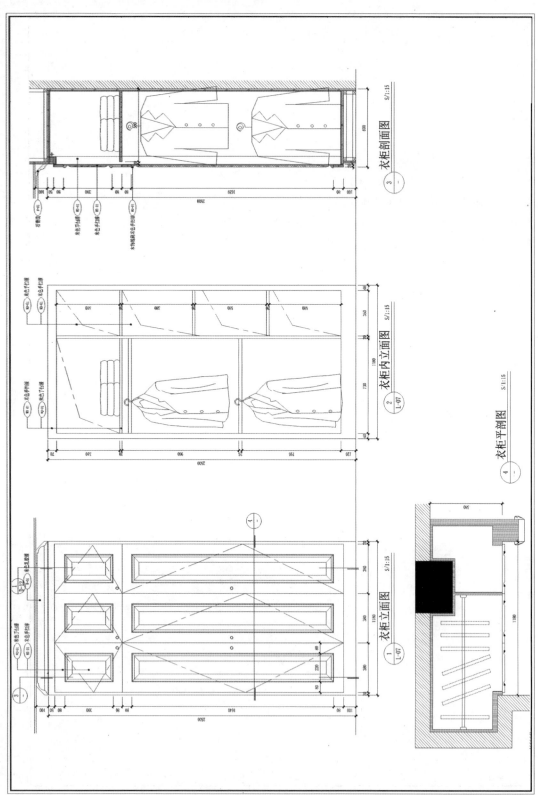

衣柜剖面图 S/1:15

衣柜内立面图 S/1:15

衣柜立面图 S/1:15

衣柜平剖图 S/1:15

衣柜大样图 1：15

图A-33 衣柜大样图 1：15

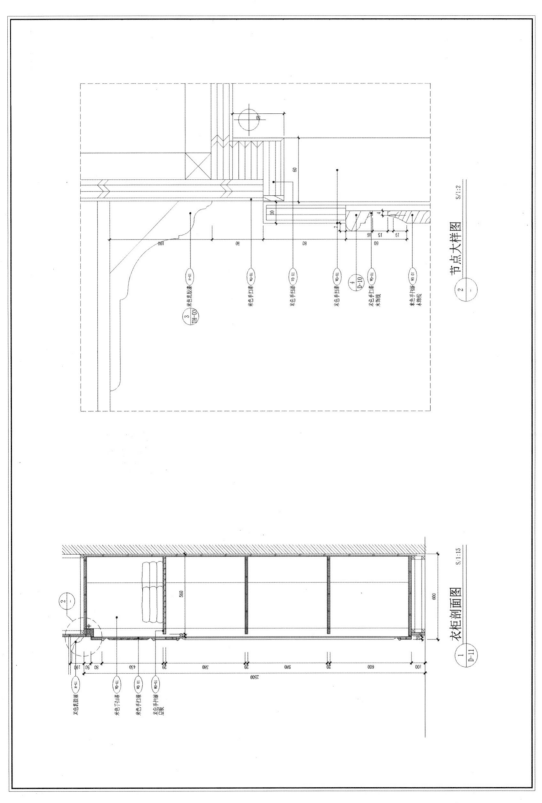

图A-34　衣柜大样图 1∶15

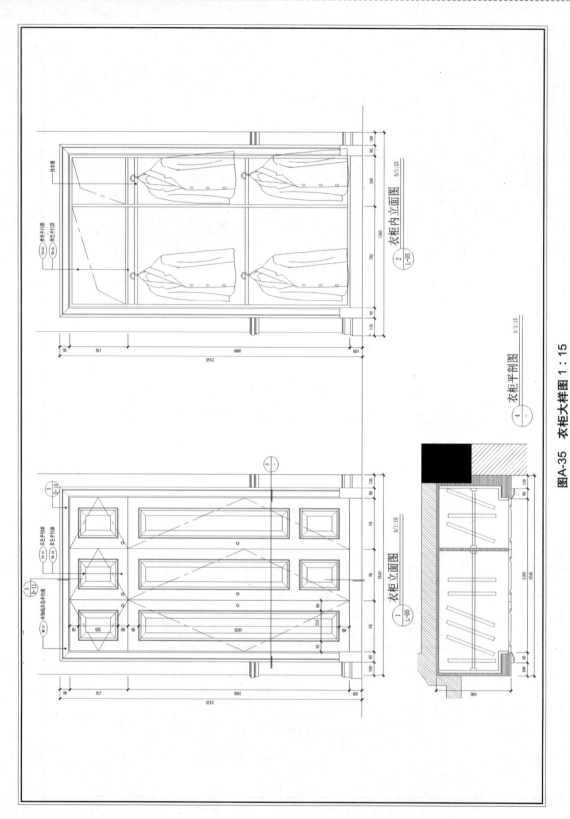

图 A-35　衣柜大样图 1：15

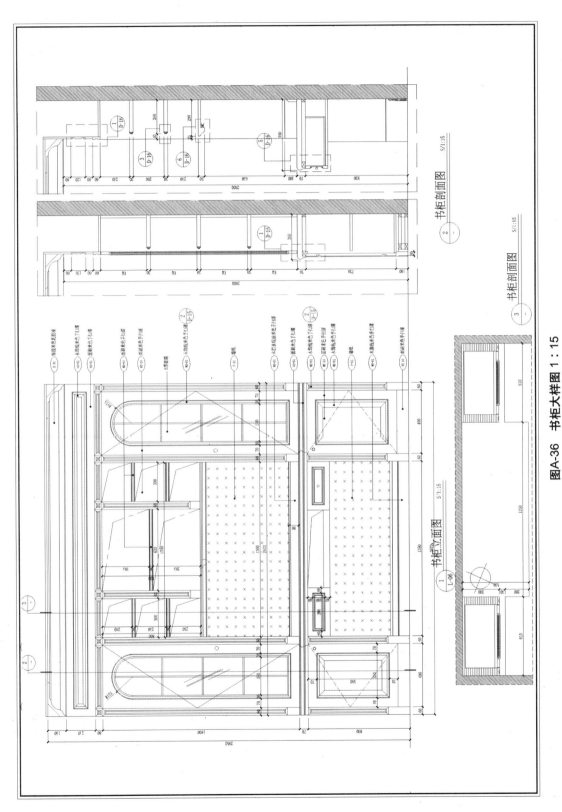

图A-36　书柜大样图 1:15

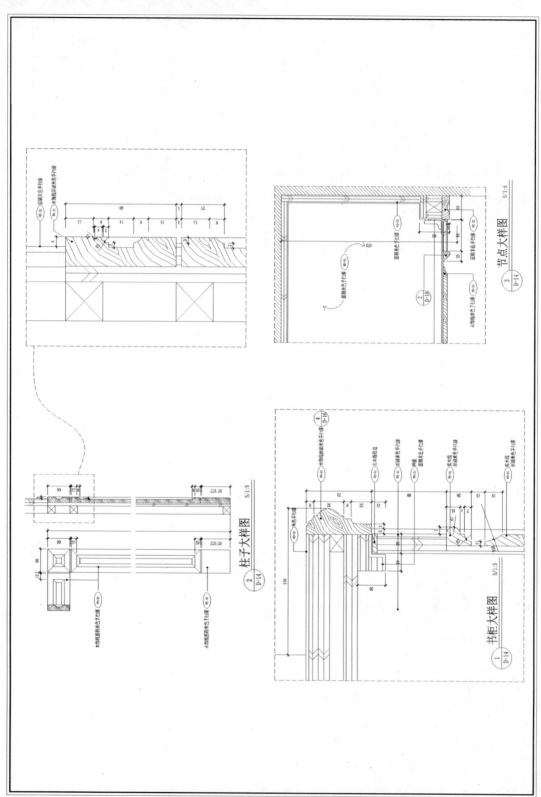

图A-37　书柜大样图 1：5

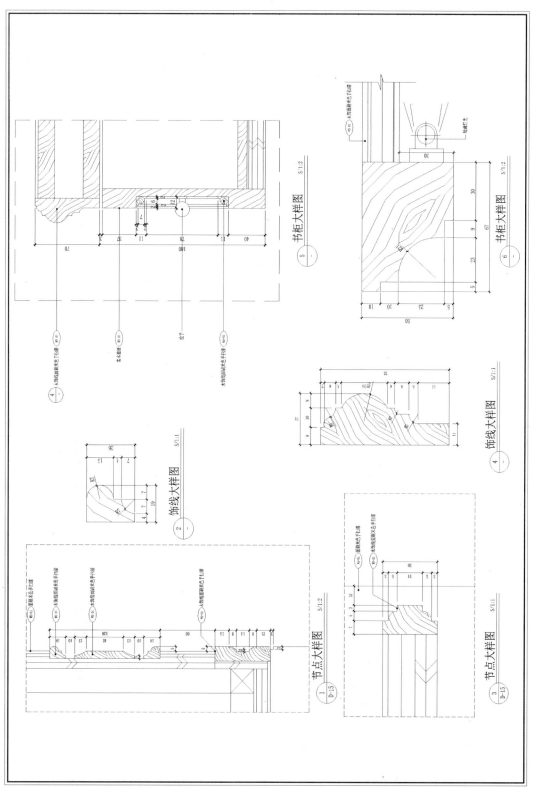

图A-37 书柜大样图 1:2

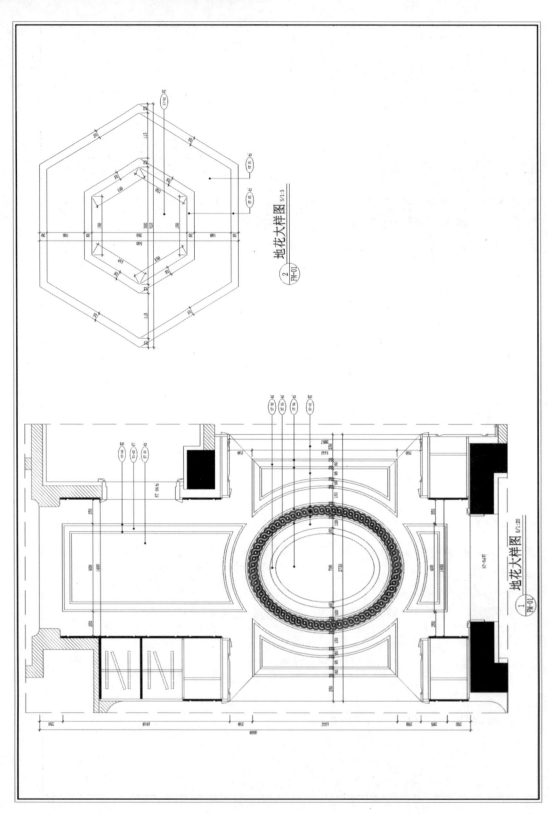

图A-39 地面大样图 1 : 20

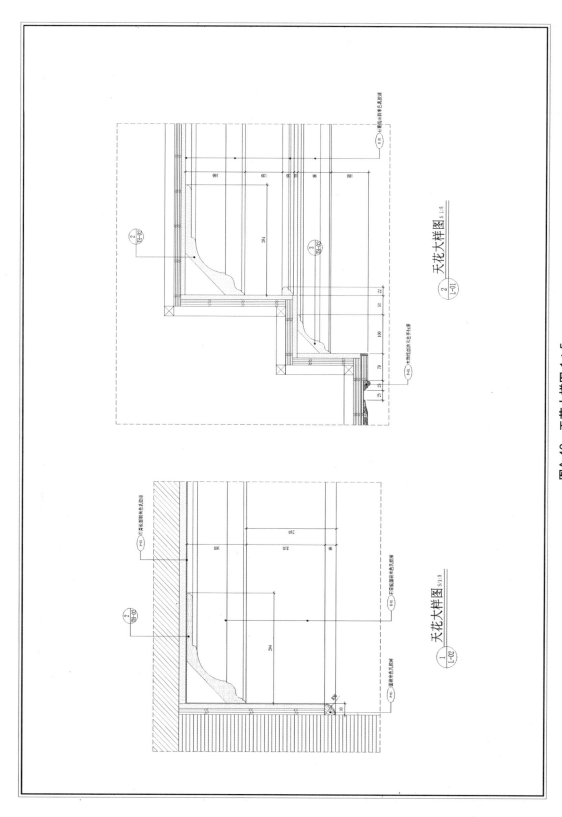

图A-40 天花大样图 1∶5

附录

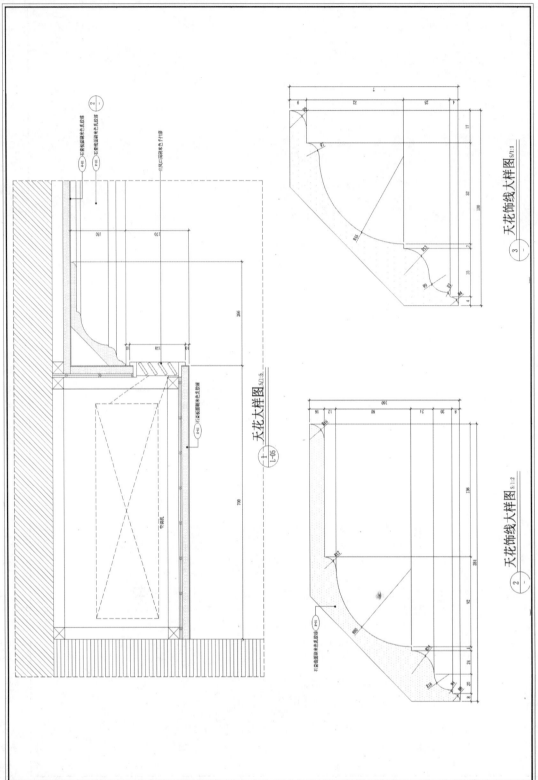

图A-41 天花大样图 1：5

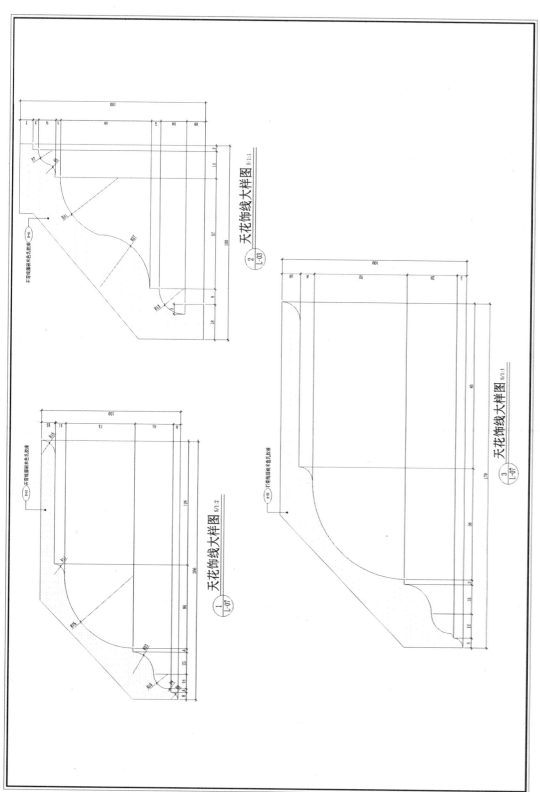

图A-42 天花大样图 1：1

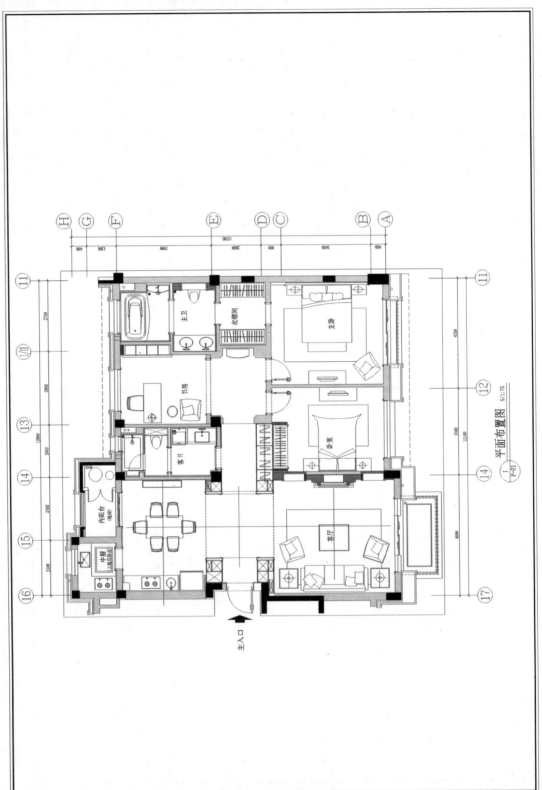

图A-43 平面布置图 1：75

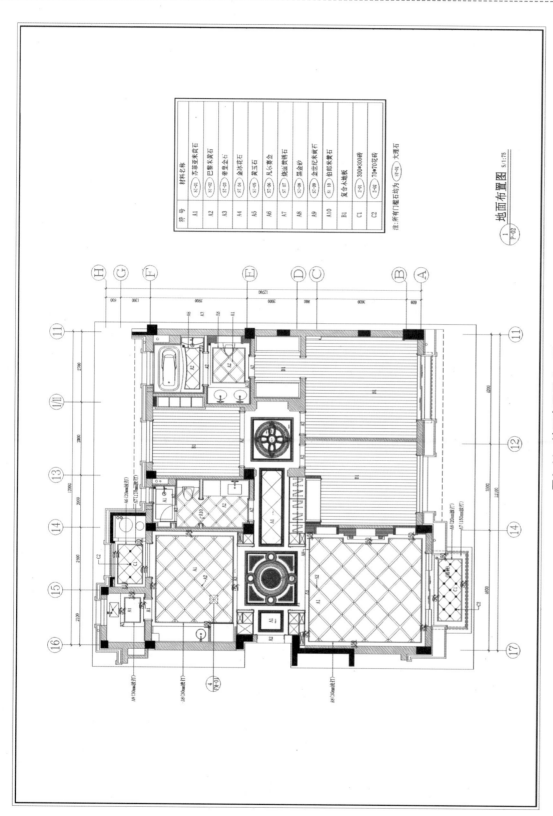

符号	材料名称
A1 ST-01	沙弗亚米黄石
A2 ST-02	巴黎米黄石
A3 ST-03	帝皇金台
A4 ST-04	金丝冰花石
A5 ST-05	黄玉石
A6 ST-06	凡尔赛金
A7 ST-07	烧面黄锈石
A8 ST-08	黑金砂
A9 ST-09	金世纪米黄石
A10 ST-10	伯爵米黄石
B1	复合木地板
C1	300*300砖
C2	70*70花砖

注:所有门槛石均为 ST-01 大理石

地面布置图 S:1:75

图A-44 地面布置图 1:75

173

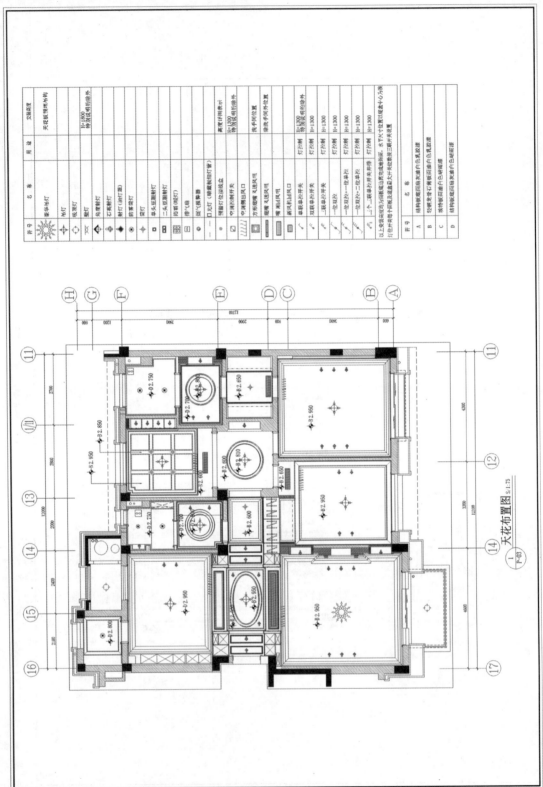

图A-45　天花布置图 1：75

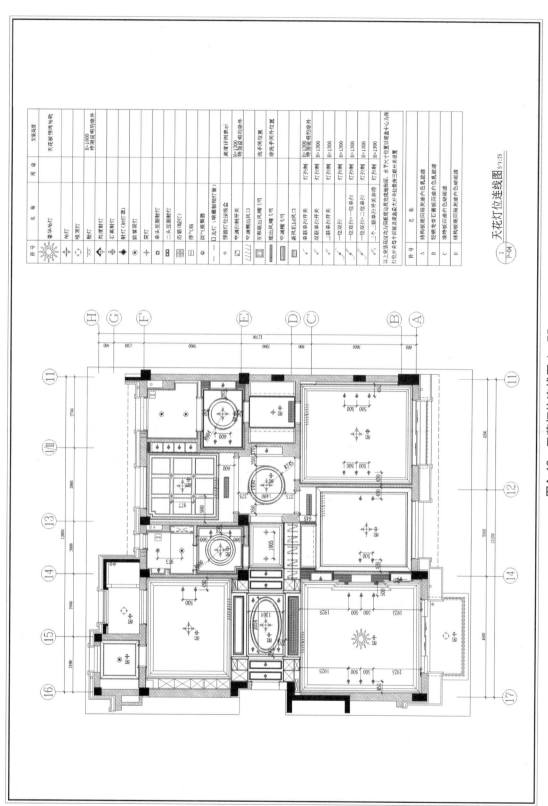

图A-46 天花灯位连线图 1:75

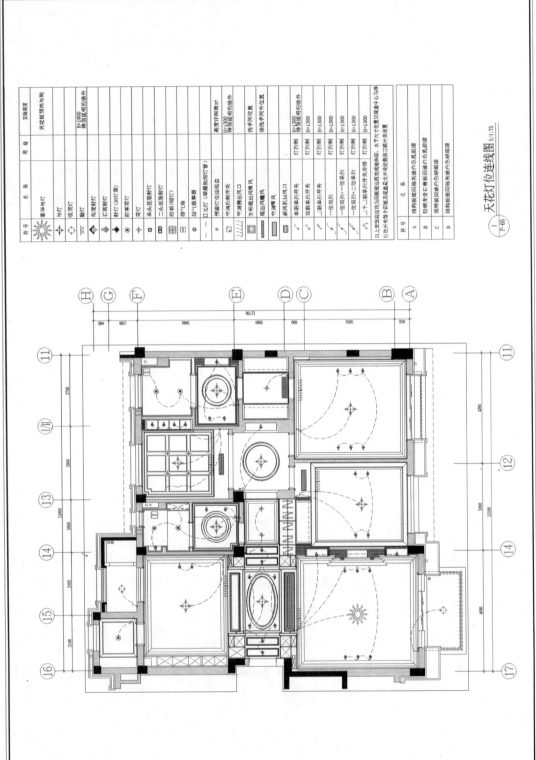

图A-47 天花灯位连线图 1:75

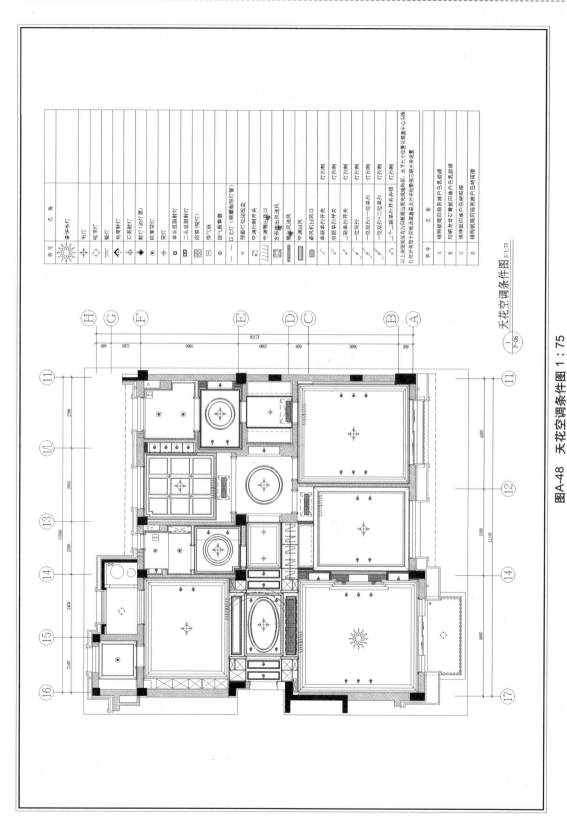

天花空调条件图 1:75

图A-48 天花空调条件图

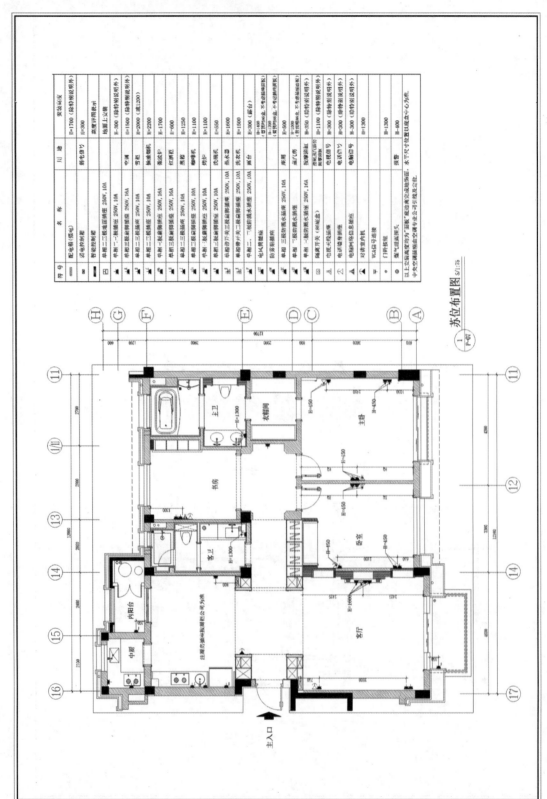

图A-49 苏位布置图 1：75

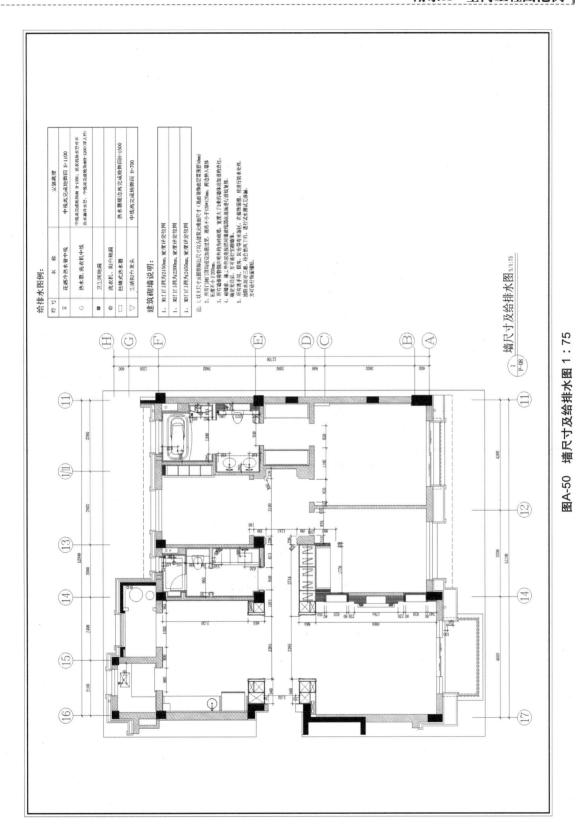

图A-50 墙尺寸及给排水图 1：75

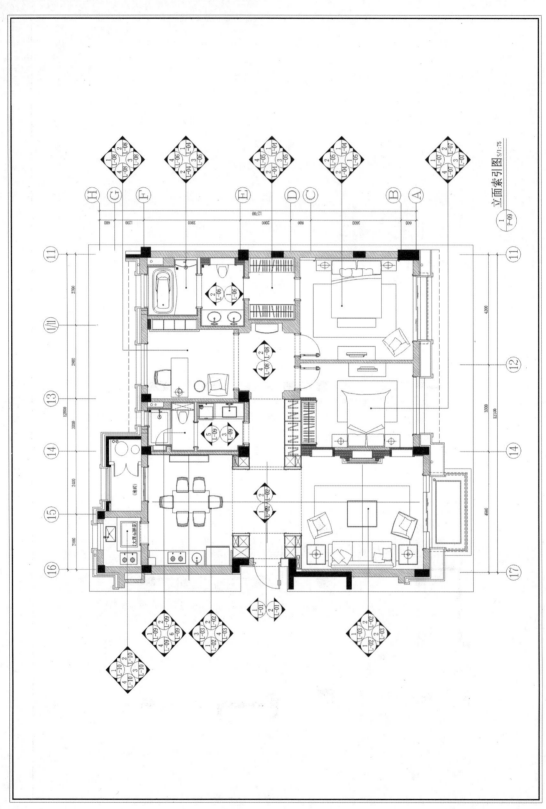

图A-51　立面索引图 1:75

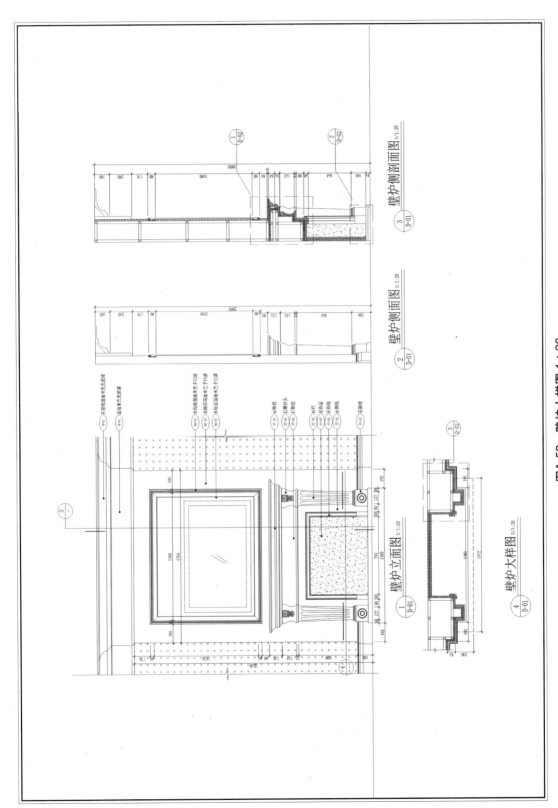

图A-52 壁炉大样图 1：20

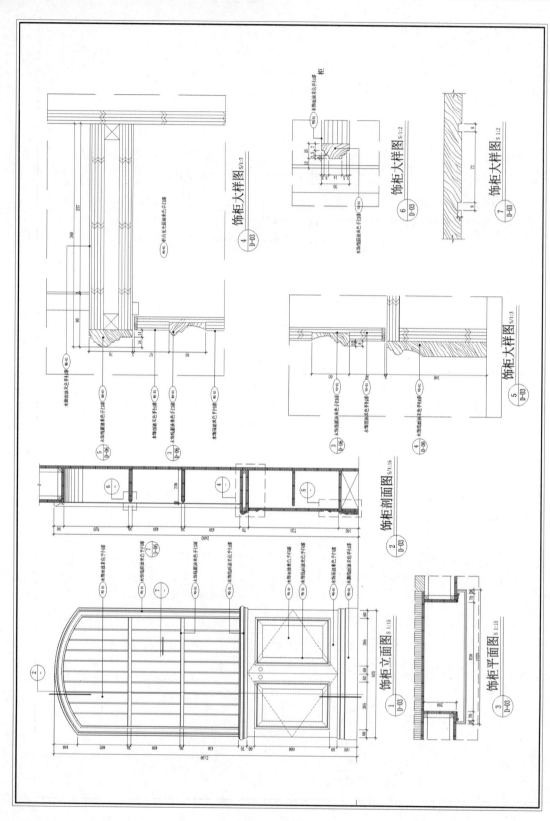

图A-53　饰柜大样图 1：15

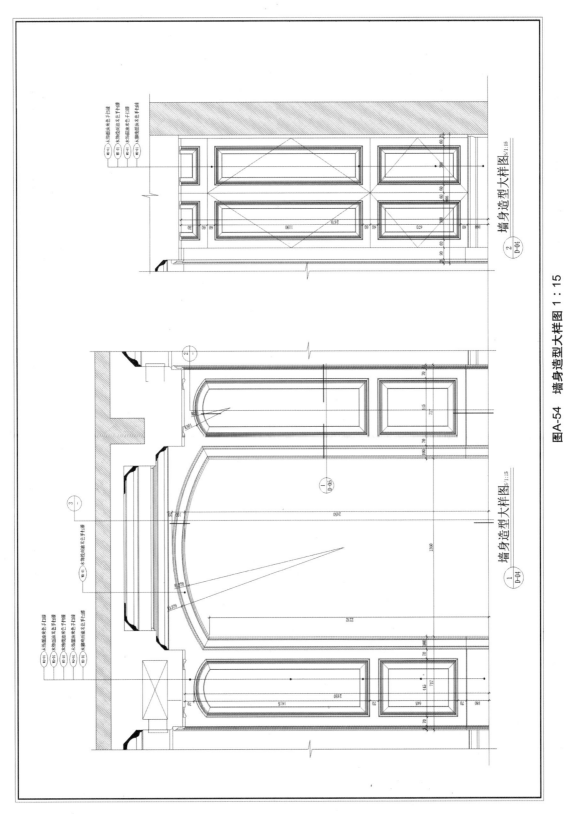

图A-54　墙身造型大样图 1：15

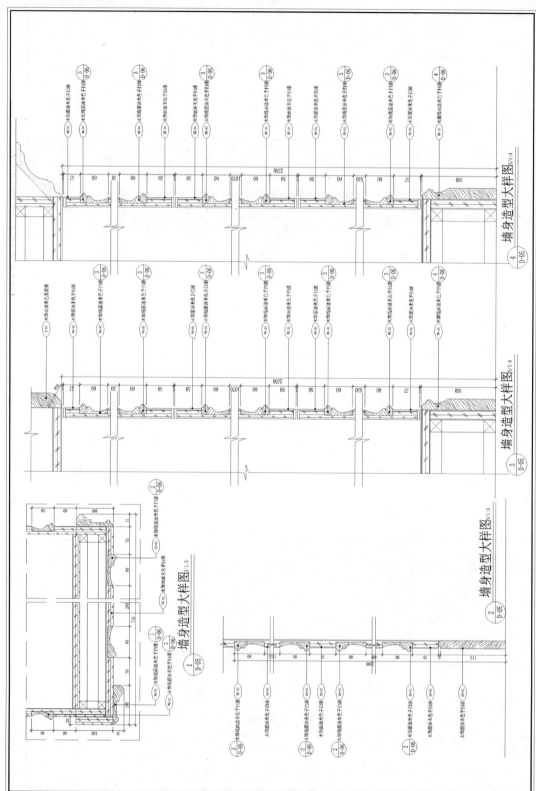

图A-55 墙身造型大样图 1：4

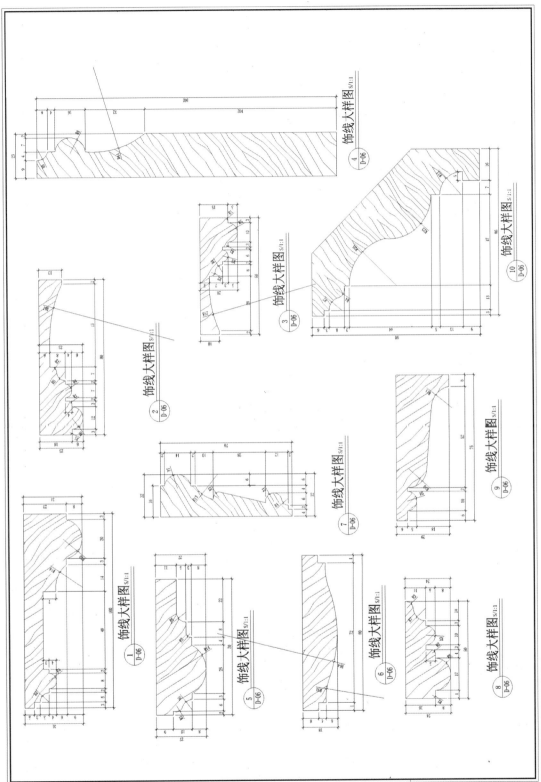

图A-56 饰线大样图 1:1

附录

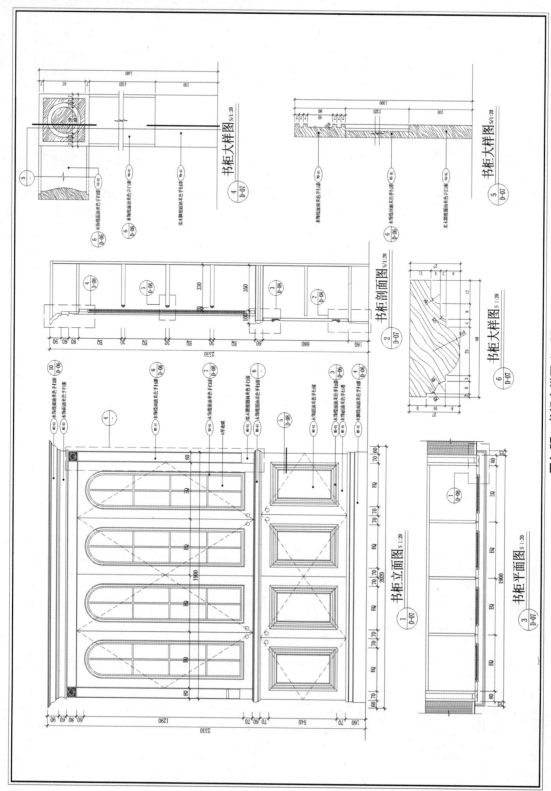

图A-57 书柜大样图 1：20

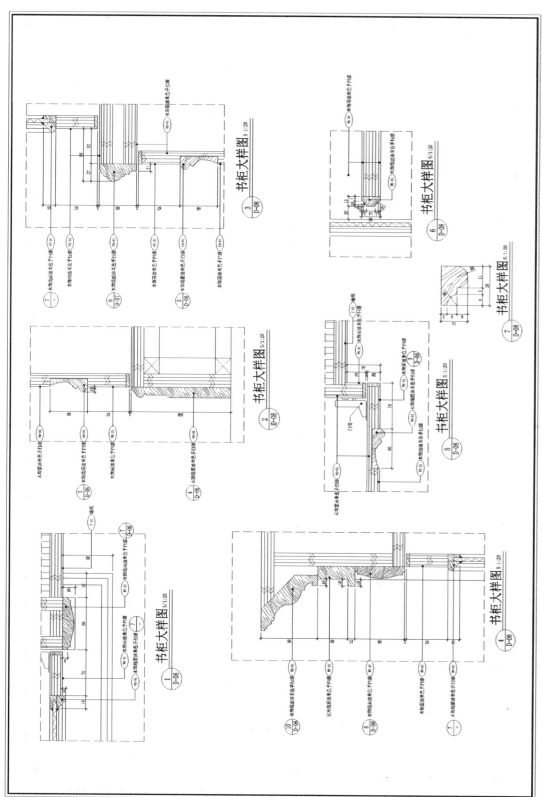

图A-58　书柜大样图 1：20

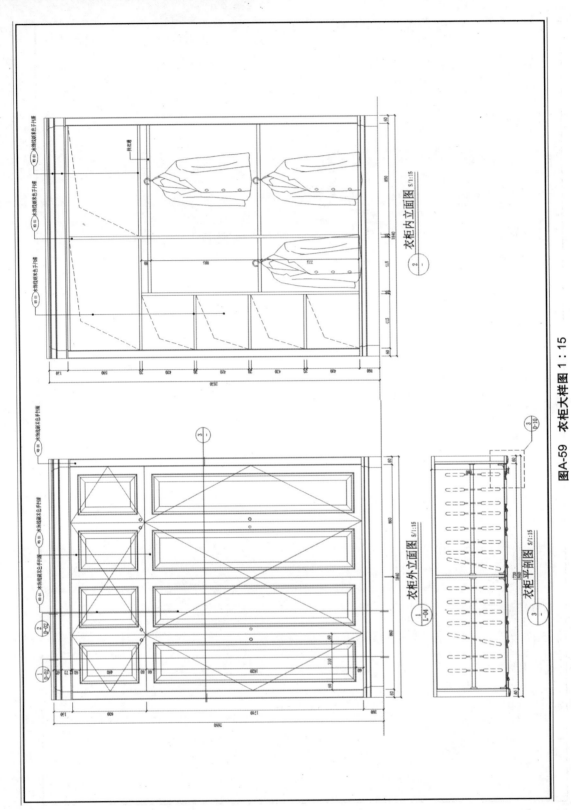

图A-59 衣柜大样图 1：15

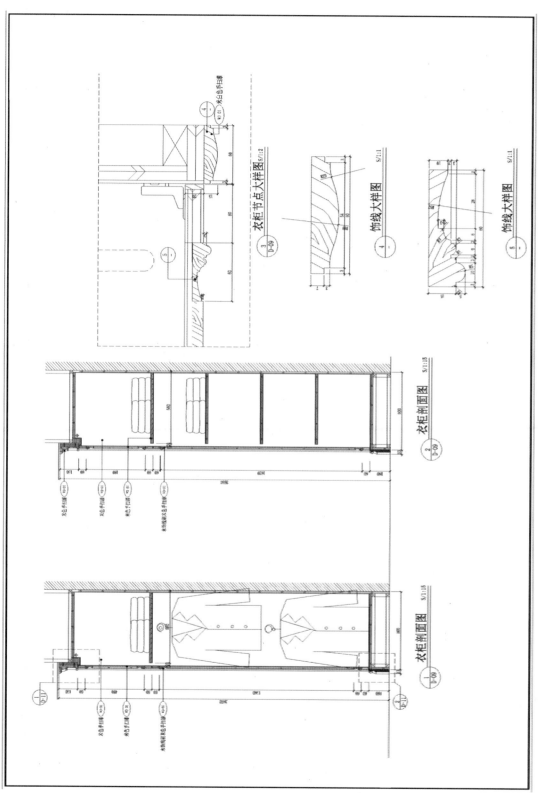

图A-60 衣柜大样图1：15

附录

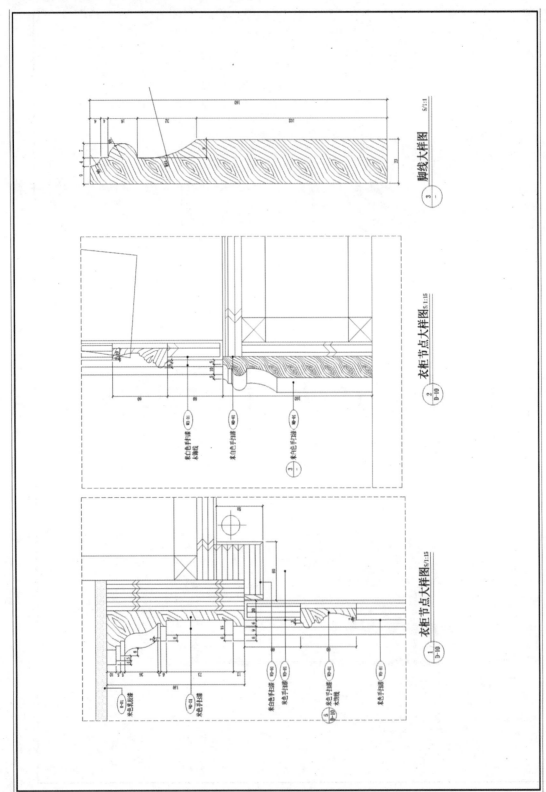

图A-61　衣柜大样图　1：15

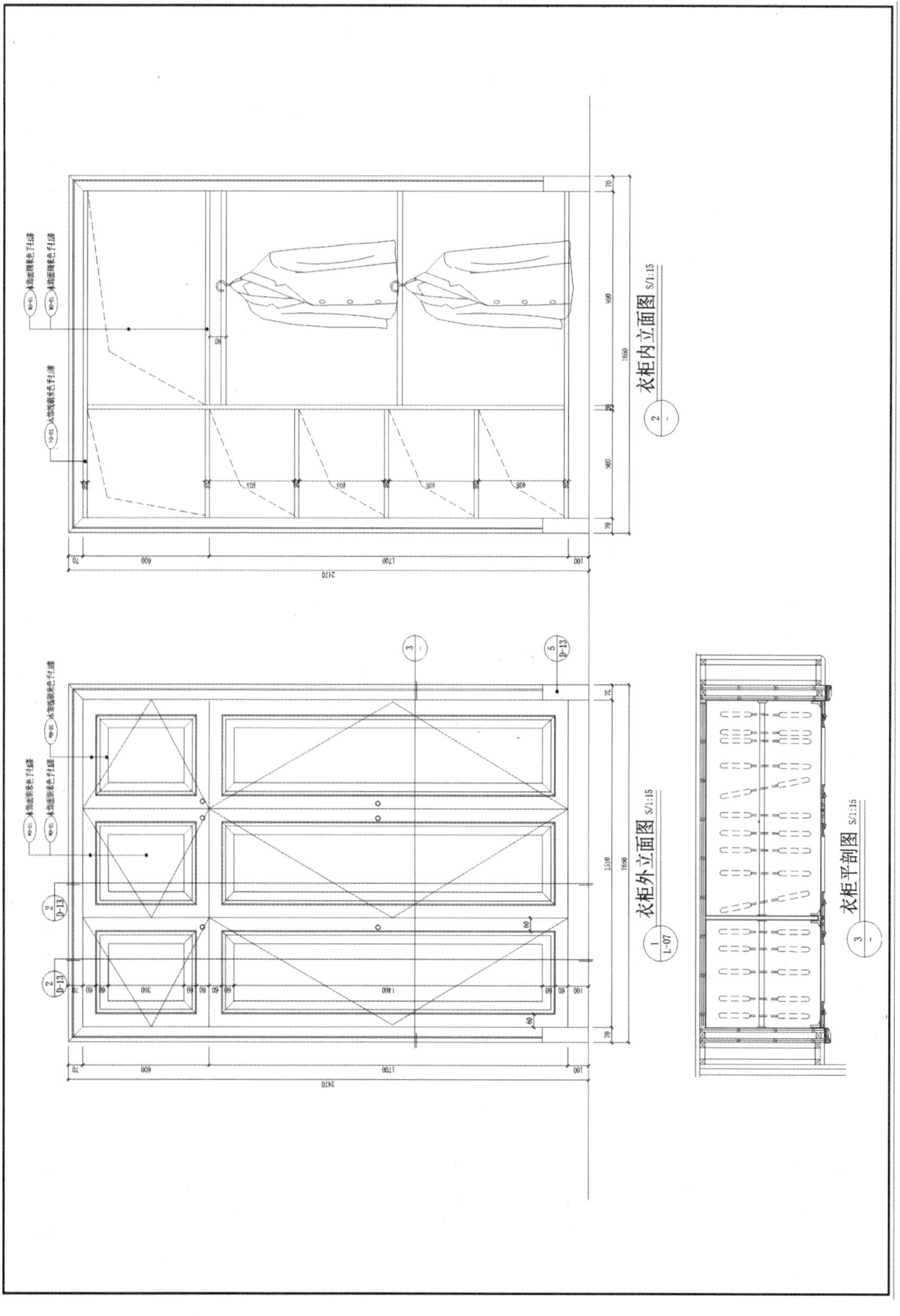

衣柜大样图 1：15

衣柜内立面图 S/1:15

衣柜外立面图 S/1:15

衣柜平剖图 S/1:15

图A-62 衣柜大样图 1：15

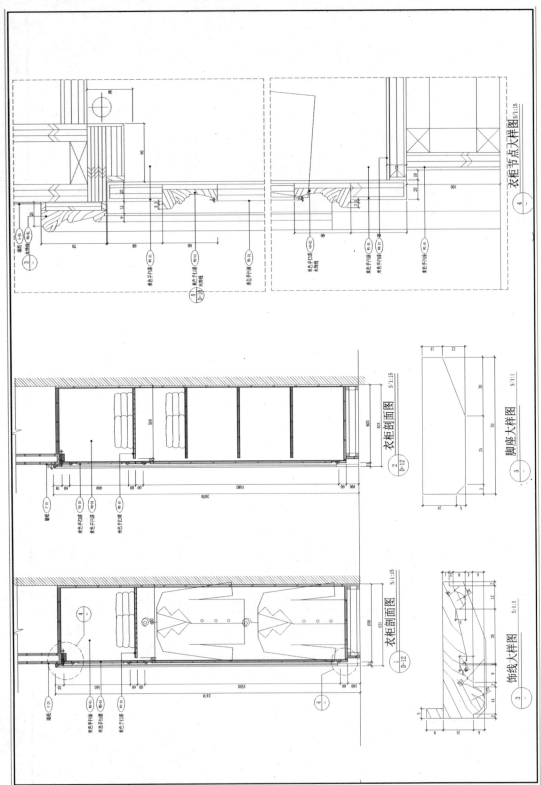

图A-63　衣柜大样图 1：15

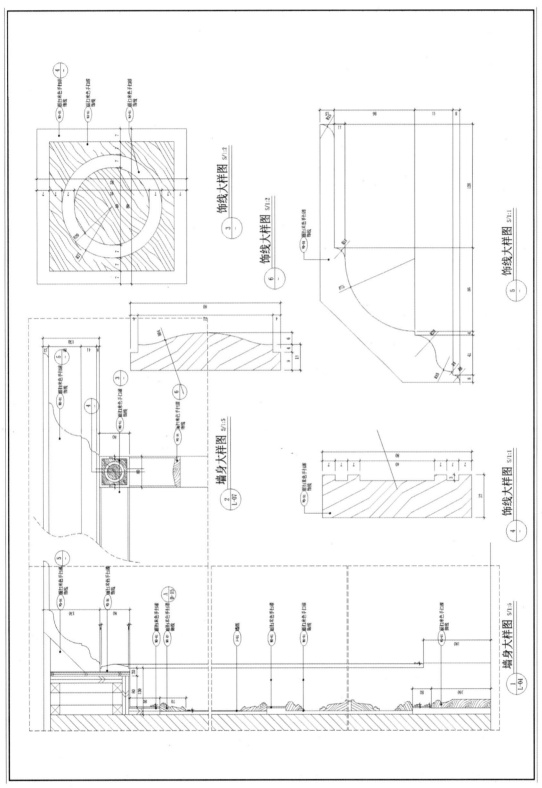

图A-64 墙身大样图 1∶5

陈录

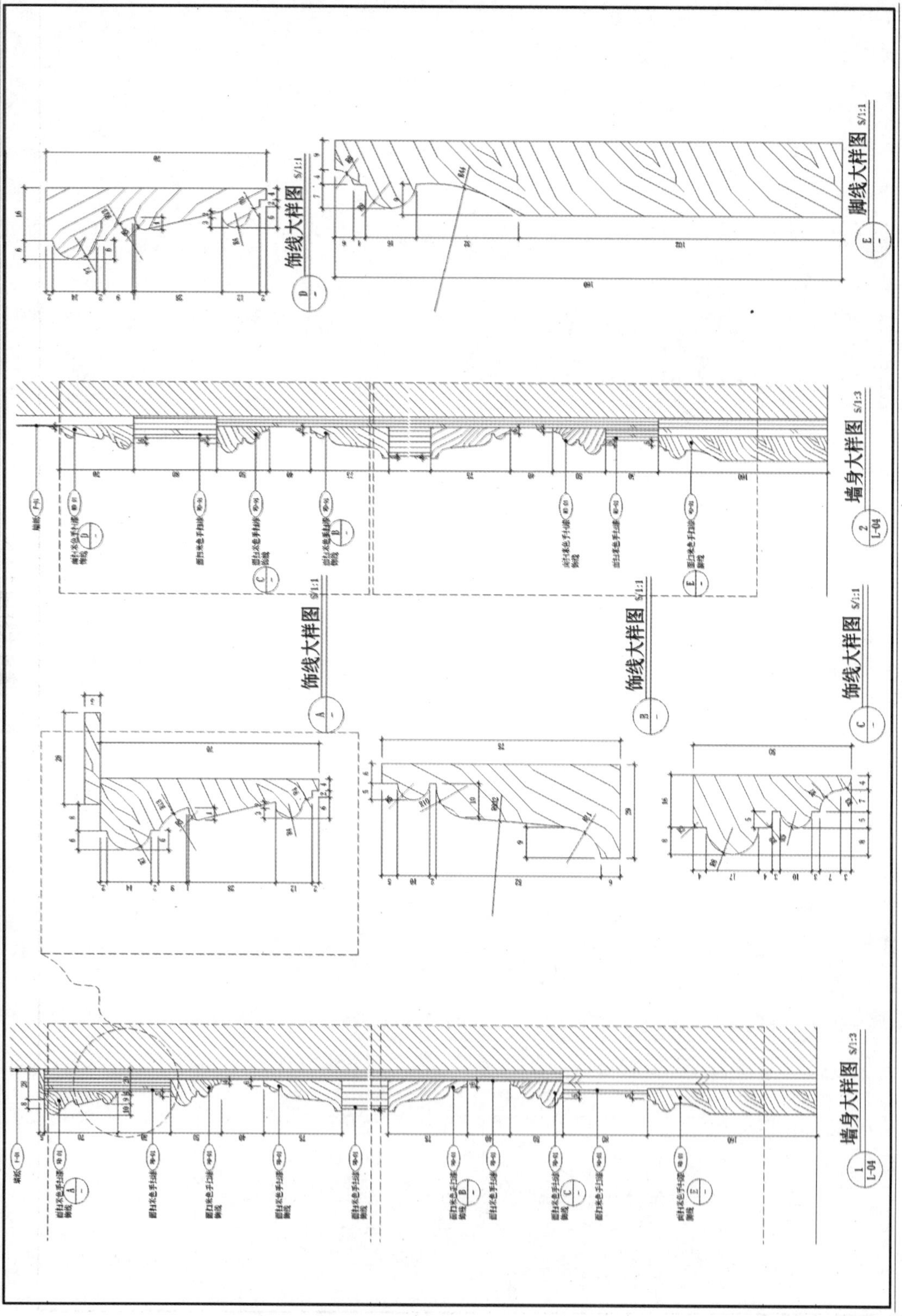

图A-65　墙身大样图 1 : 3

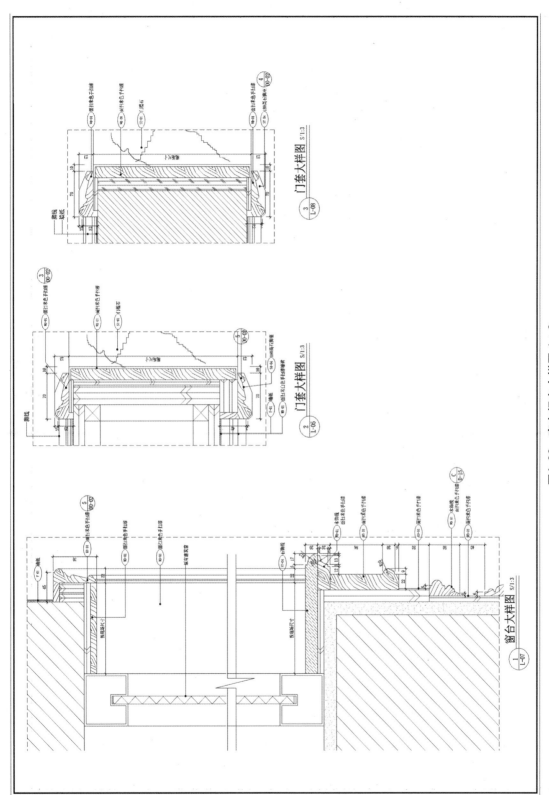

图A-66　窗套门套大样图 1∶3

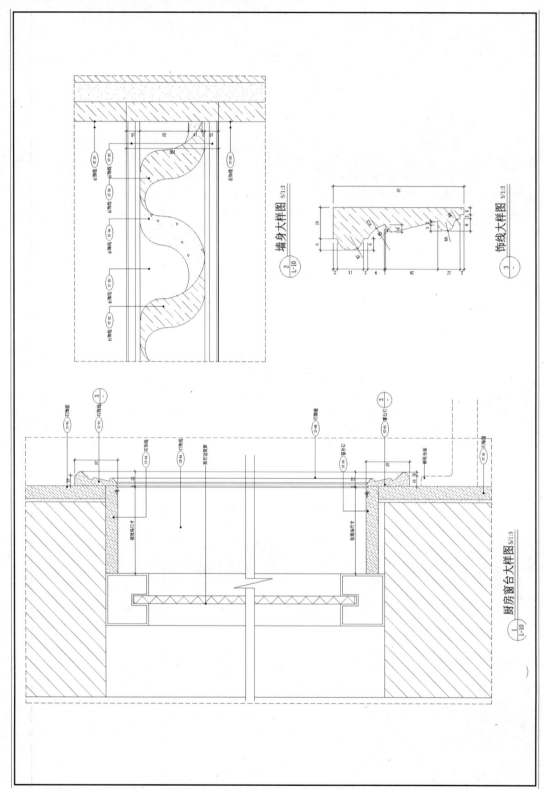

图A-67　窗套&墙身大样图 1：3

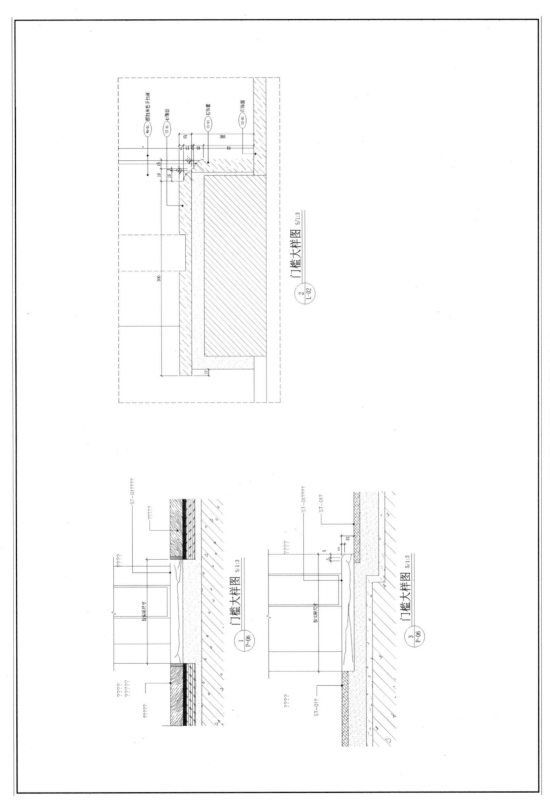

门槛石大样图 1：3

图A-68

附录

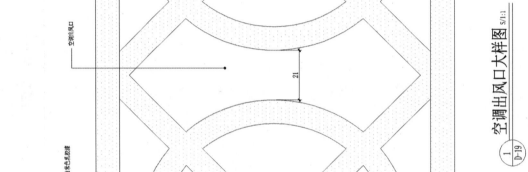

空调出风口大样图 S/1:1

1
D-19

图A-69　空调出风口大样图 1：1

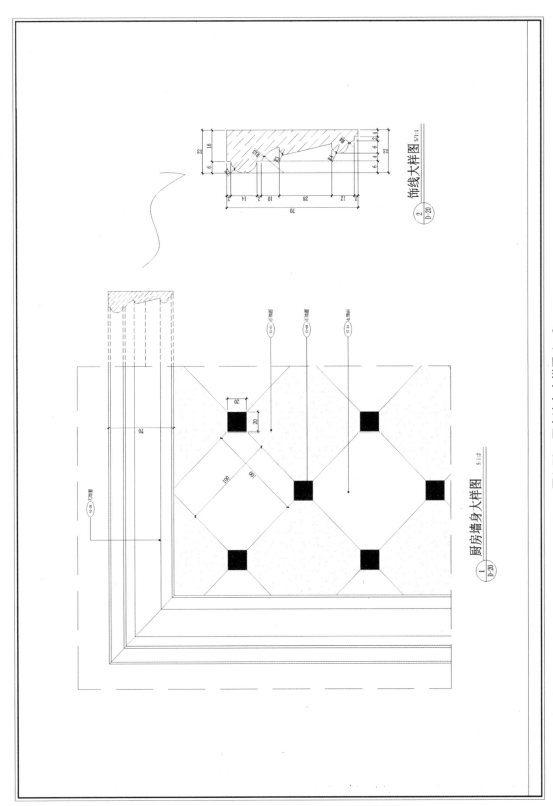

图A-70 厨房墙身大样图 1：2

附录

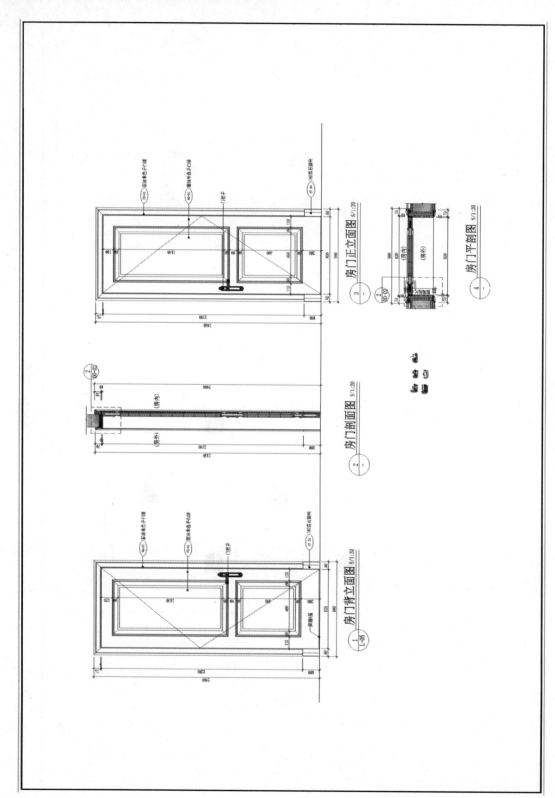

图A-71 房门大样图 1:20

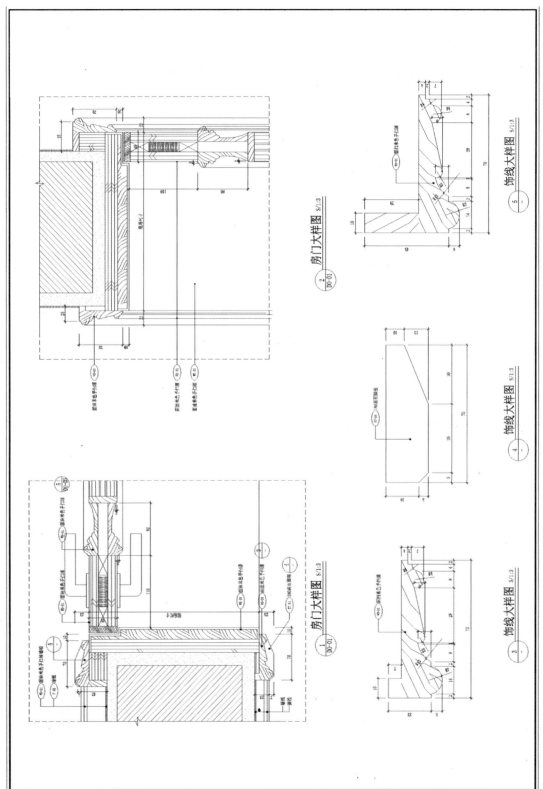

图A-72　房门大样图 1：3

附录

附
录

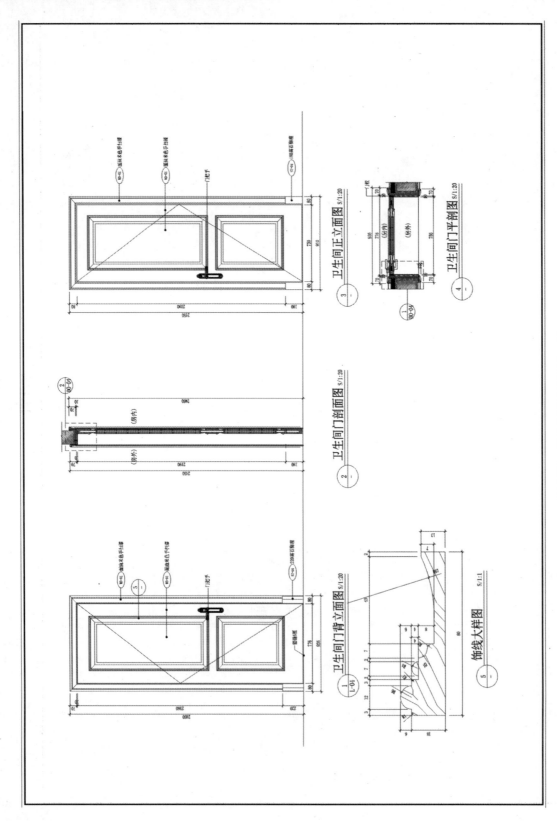

图A-73 卫生间门大样图 1：20

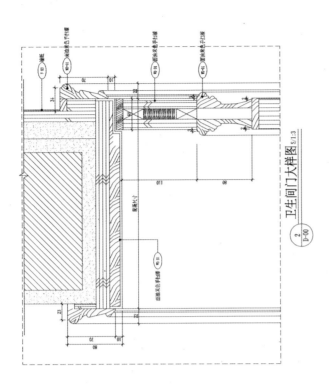

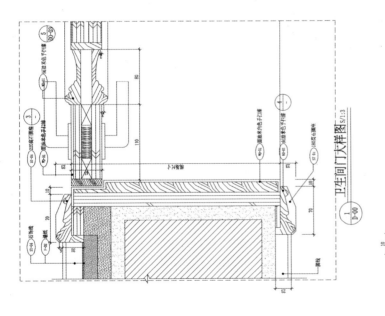

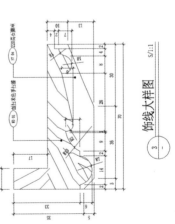

图A-74 卫生间门大样图 1：3

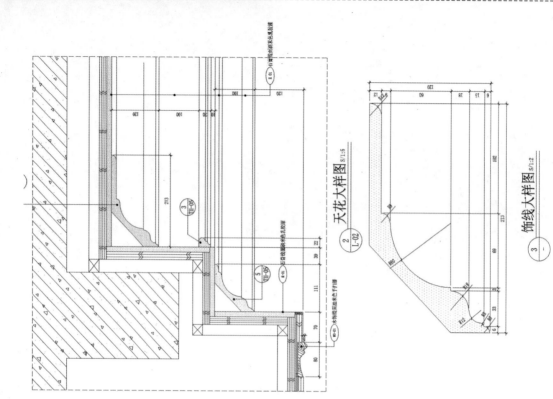

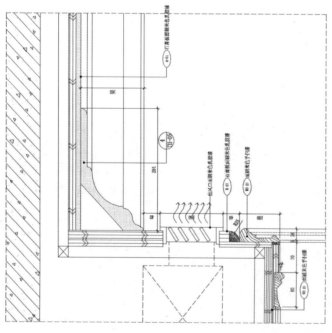

图A-75 天花大样图 1：5

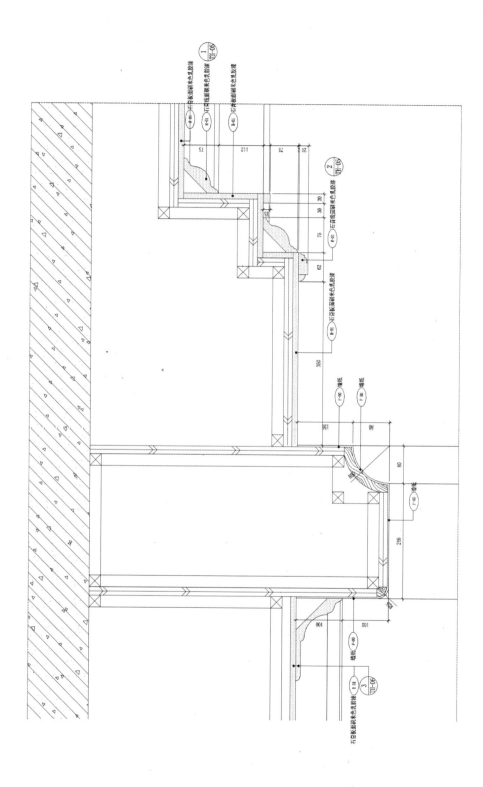

天花大样图 S/1:5

图A-76　天花大样图 1：5

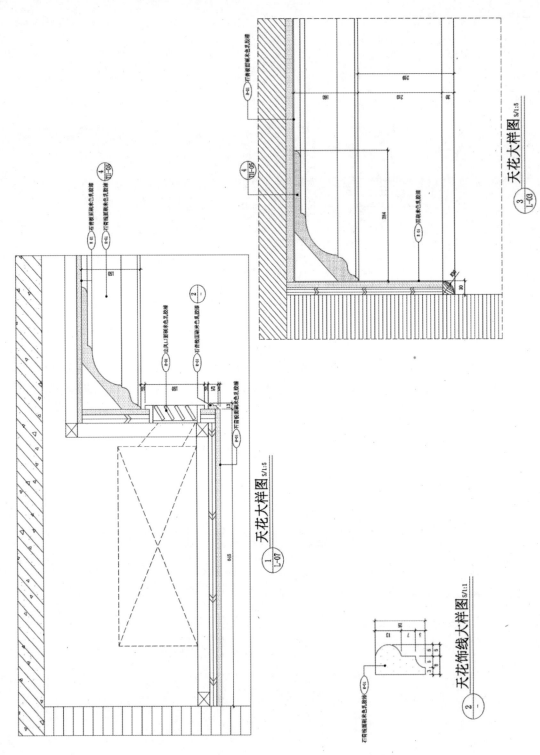

图A-77 天花大样图 1：5

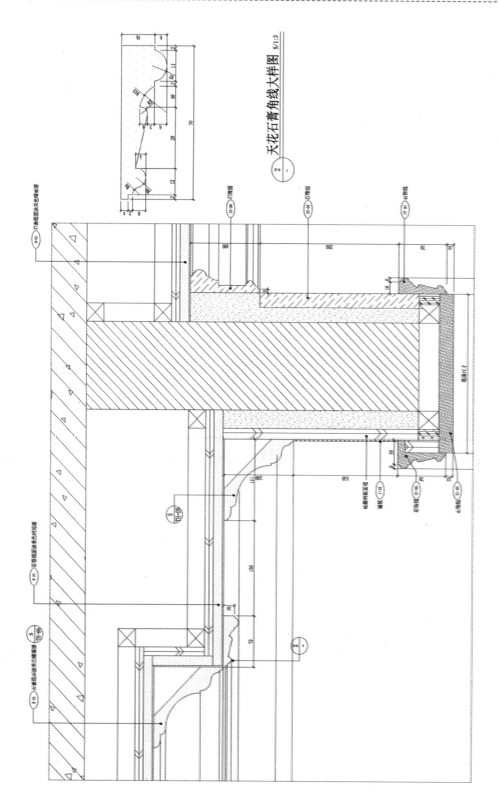

图A-78　卫浴间天花大样图 1：3

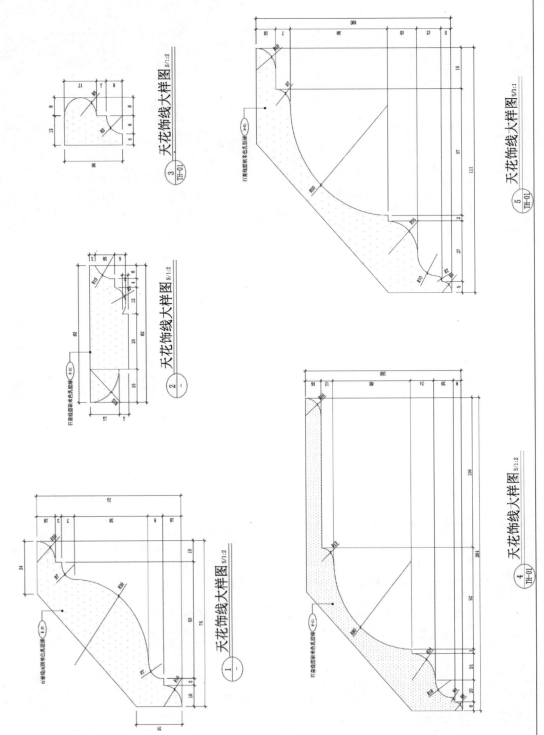

图A-79　天花饰线大样图 1：2

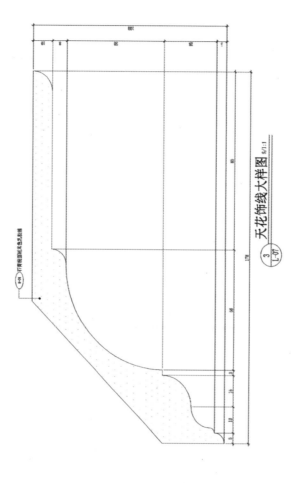

图A-80　天花饰线大样图 1：1

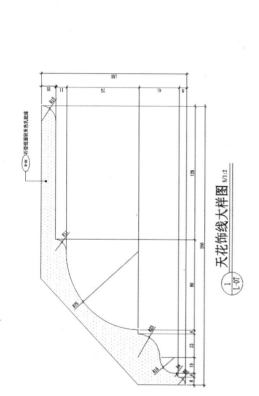

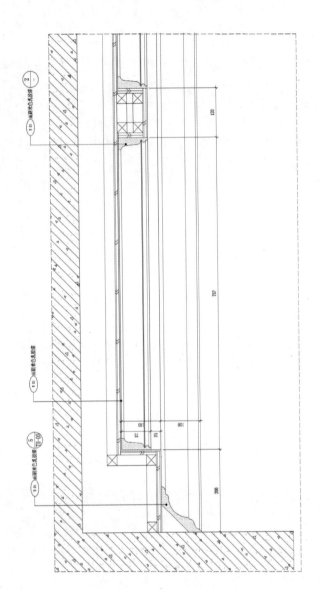

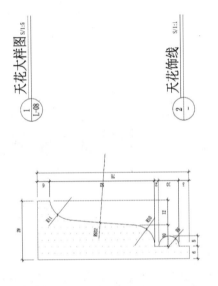

图A-81 天花大样图 1:5

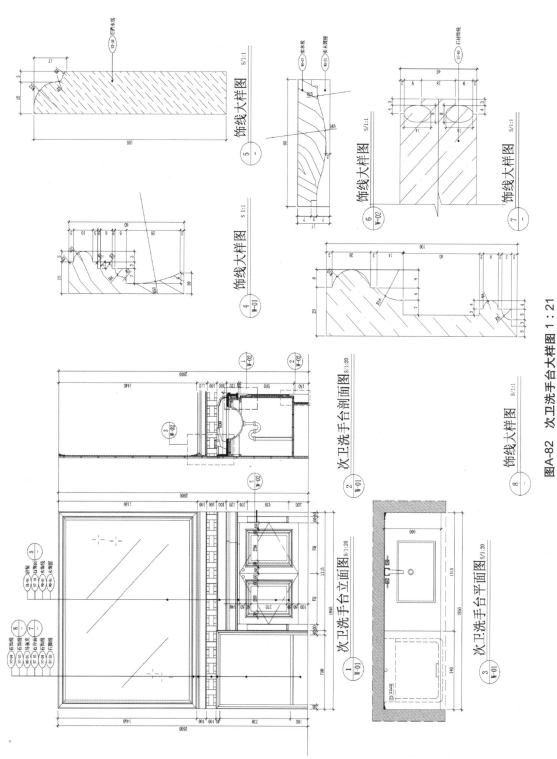

图A-82　次卫洗手台大样图 1：21

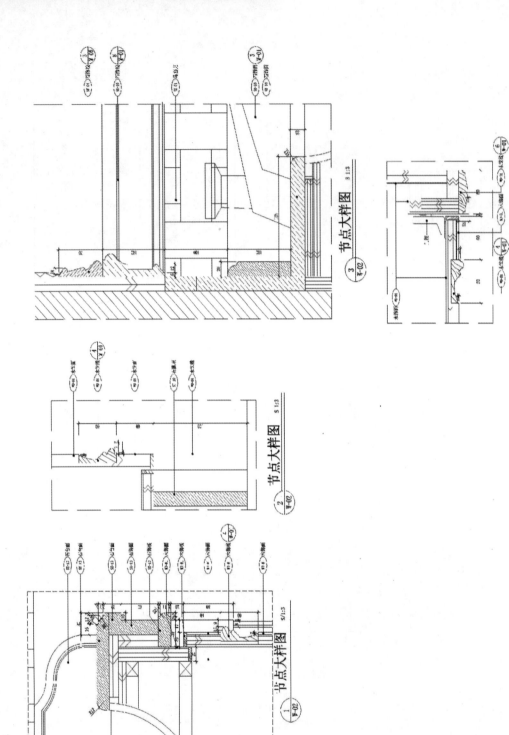

图A-83 洗手台大样图 1:3

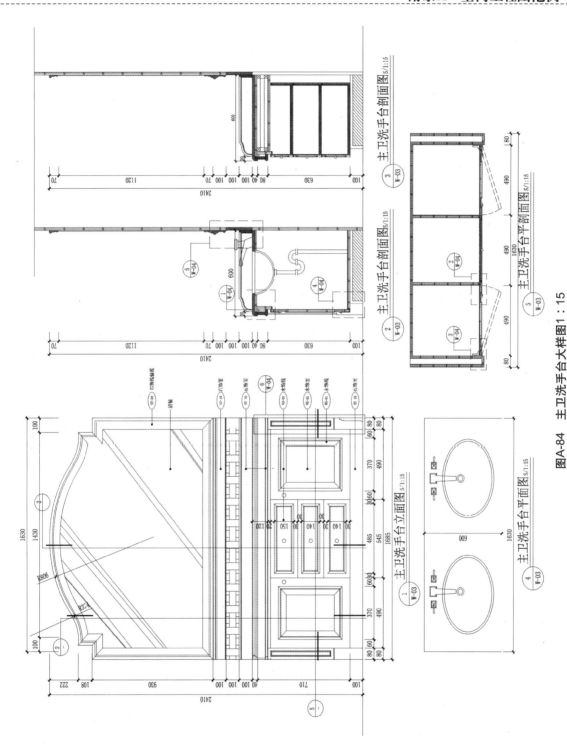

主卫洗手台剖面图 S/1:15

主卫洗手台剖面图 S/1:15

主卫洗手台平面图 S/1:15

主卫洗手台立面图 S/1:15

主卫洗手台平面图 S/1:15

图A-84　主卫洗手台大样图1∶15

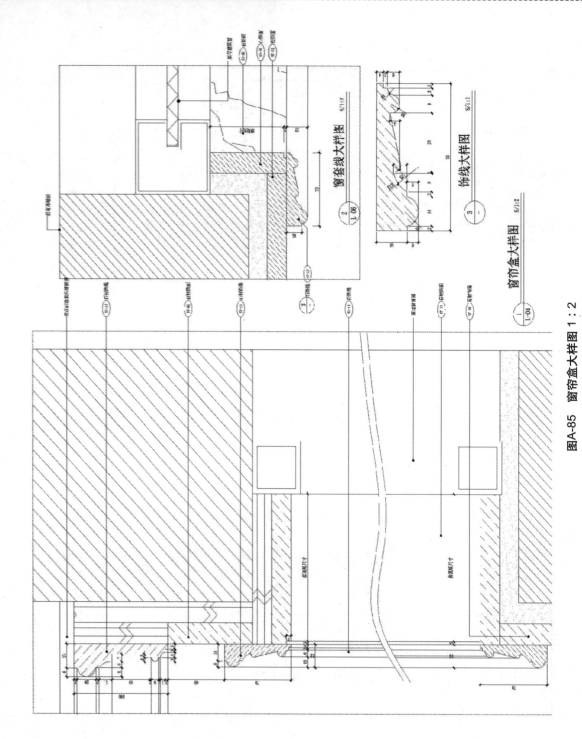

图A-85　窗帘盒大样图 1：2

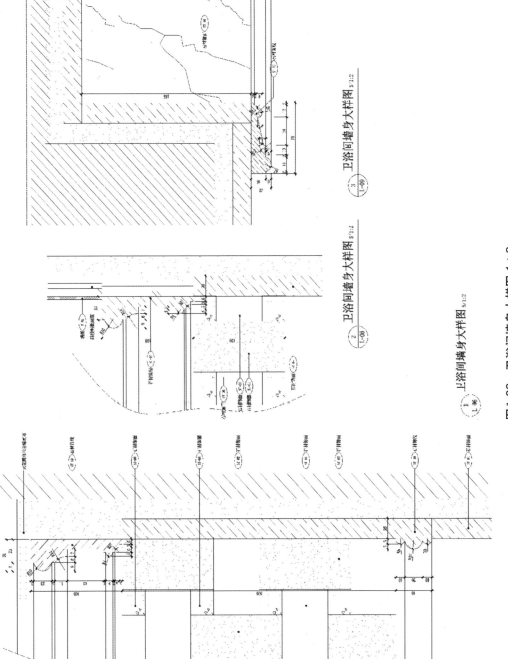

图A-86　卫浴间墙身大样图 1：2

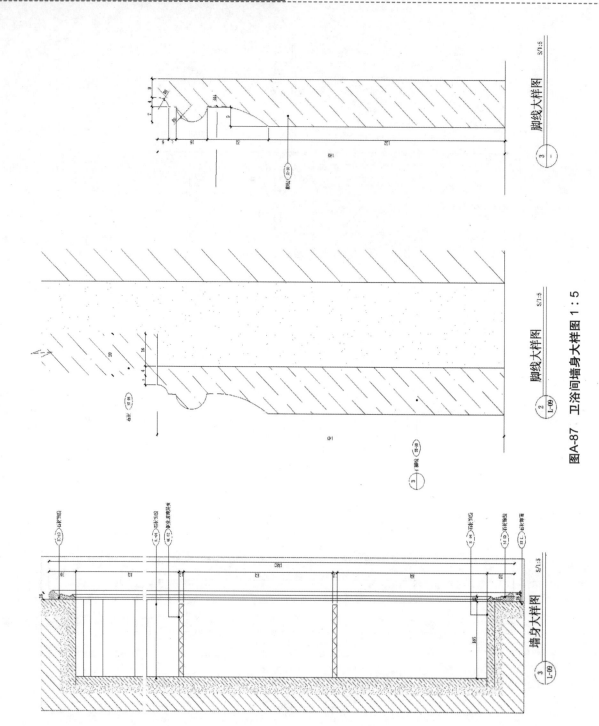

图A-87 卫浴间墙身大样图 1：5

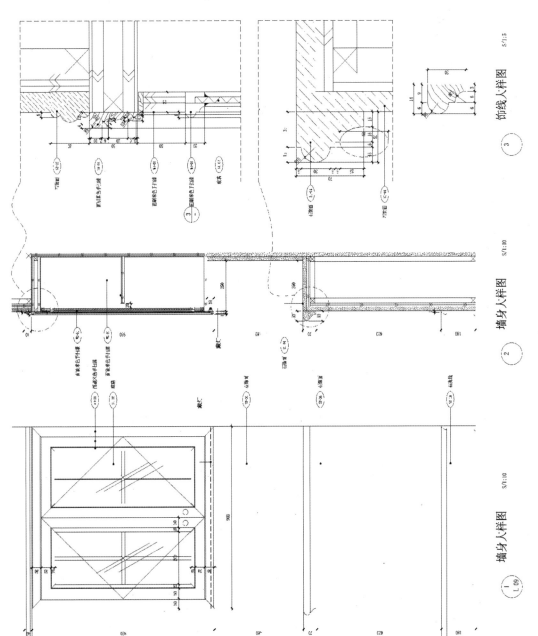

图A-88　墙身大样图 1：10

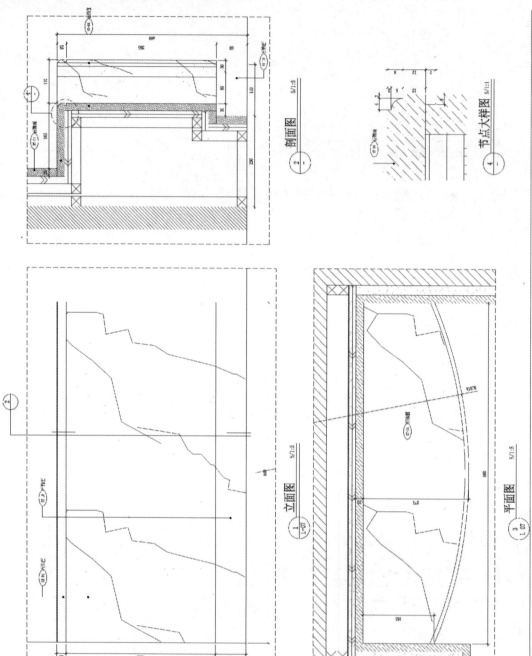

图A-89　浴室大样图 1：5

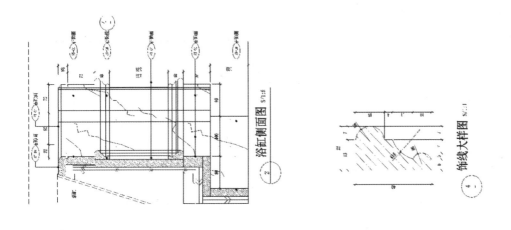

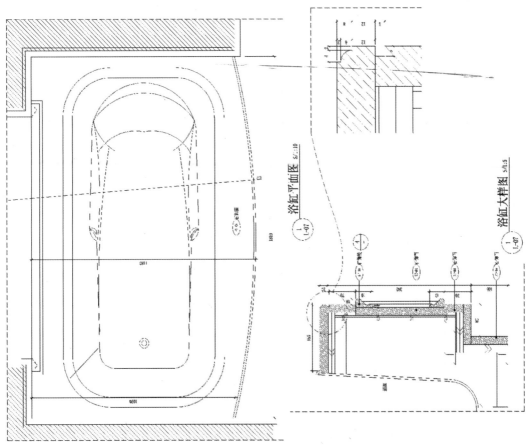

图A-90　浴缸大样图 1：5

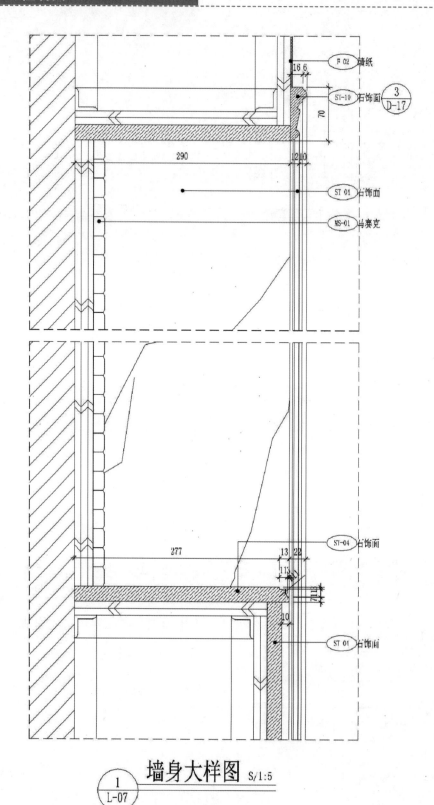

墙身大样图 S/1:5

图A-91 卫浴间墙身大样图 1:5

参 考 文 献

[1] 张岩. 建筑工程制图. 北京：中国建筑工业出版社，2007.

[2] [德]比勒费尔德，[西]斯奇巴编著. 吴寒亮，何玮珂译. 工程制图. 北京：中国建筑工业出版社，2012.

[3] 于梅. 工程制图(非机械类). 北京：机械工业出版社，2011.

[4] 刘苏，段丽玮，贾皓丽. 工程制图基础教程(非机械类专业适用). 北京：科学出版社，2010.

[5] 罗良武. 建筑装饰装修工程·制图识图·实例导读. 北京：机械工业出版社，2010.

[6] 周佳新. 普通高等教育"十二五"规划教材·土建工程制图习题集. 北京：中国电力出版社，2011.

[7] 张英，郭树荣. 建筑工程制图(含习题集+多媒体课件). 第二版. 北京：中国建筑工业出版社，2009.

[8] 朱延祥. 工程制图. 天津：天津大学出版社，2010.